汉竹编著·健康爱家系列

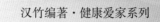

轻食沙拉
元气果汁

郑育龙·主编

江苏凤凰科学技术出版社
全国百佳图书出版单位
———·南京·———

图书在版编目（CIP）数据

轻食沙拉　元气果汁 / 郑育龙主编 . — 南京 : 江苏凤凰
科学技术出版社 , 2022.4
（汉竹·健康爱家系列）
ISBN 978-7-5713-2165-9

Ⅰ . ①轻… Ⅱ . ①郑… Ⅲ . ①减肥 – 沙拉 – 制作②减
肥 – 果汁饮料 – 制作 Ⅳ . ① TS972.118 ② TS275.5

中国版本图书馆 CIP 数据核字 (2021) 第 159025 号

中国健康生活图书实力品牌

轻食沙拉 元气果汁

主　　　编	郑育龙	
编　　　著	汉竹	
责 任 编 辑	刘玉锋	
特 邀 编 辑	张　瑜　仇　双　薛莎莎	
责 任 校 对	仲　敏	
责 任 监 制	刘文洋	

出 版 发 行	江苏凤凰科学技术出版社
出版社地址	南京市湖南路 1 号 A 楼，邮编：210009
出版社网址	http://www.pspress.cn
印　　　刷	合肥精艺印刷有限公司

开　　　本	720 mm×1 000 mm　1/16
印　　　张	11
字　　　数	200 000
版　　　次	2022 年 4 月第 1 版
印　　　次	2022 年 4 月第 1 次印刷

标 准 书 号	ISBN 978-7-5713-2165-9
定　　　价	39.80 元

图书如有印装质量问题，可向我社印务部调换。

导读

沙拉吃多了会不会发胖?

沙拉酱放少了味道不好,放多了又怕胖,怎么办?

土豆沙拉吃腻了,还有别的沙拉可以吃吗?

……

用凉拌、水煮等方式烹饪低热量食材,制作一道色香味形俱全的低热量沙拉,让以上种种问题迎刃而解。如果再加上自制沙拉酱做调和,那就是锦上添花的神来之笔!

沙拉是健康食品,适合各种人群:想减肥的人、"三高"的人、繁忙的上班族……吃一段时间健康沙拉后,你会发现皮肤变好了,便秘困扰没有了,腰围好像也变小了,而且整个人也容光焕发起来!这就是吃沙拉带来的改变,越吃越年轻,越吃越健康!

目录

第一章

轻食，让身体更加轻盈

第二章

轻食沙拉，轻松吃出好身材

第三章

元气果汁，活力满满一整天

第四章

七天轻食健康餐计划

第一章

轻食，
让身体更加轻盈

各种各样的美食琳琅满目，让很多人难以割舍，但又担心吃多了会一"胖"而不可收拾，因此，能让人吃得美味，又不怕胖的美食就成为"吃货"们的最佳选择。健康、低热量的轻食就是一个不错的选择。

选择轻食，享"瘦"生活

如今，美食随处可寻，享受美食成为人们日常生活中的一大乐趣，但过量摄入脂肪、碳水化合物，使得肥胖人群越来越多。不少有瘦身需求的人盲目尝试各种瘦身方法，例如只吃蔬菜水果、吃减肥药、断食……最后不但没能瘦下来，反而出现了内分泌紊乱、胃肠功能失调、营养不良等多种健康问题。好的饮食习惯，能让人在身体健康的同时，也能拥有好的身材。了解如何健康吃到瘦，是瘦身人群的必修课。不必以牺牲健康为代价，也不必与美味诀别，通过吃轻食就能自然瘦。

什么是轻食

"轻食"不是指一种特定的食物，而是餐饮的一种形态，轻的不仅仅是指食材分量，更是食材烹饪方式的简约化，保留食材本来的营养和味道，让食用者的营养摄取无负担、无压力、更健康，同时引申出积极阳光的生活态度和生活方式。

为什么选择轻食

《黄帝内经》中记载"饮食自倍，肠胃乃伤"，意思是饱食会给人们的健康带来害处。其实这个道理很多人都懂，只是不太清楚长期饱食具体会带来哪些危害。

经常一日三餐饱食，食物长时间停留在胃肠道，使其负荷过重，容易引发胃肠病。同时，长期吃得太多、太补，会极大地增加消化系统的负担，引起消化不良，而且易致肥胖。"鱼生火，肉生痰"，长期过量饮食，特别是过多进食荤食，摄入的热量过剩，日积月累，自然就会发胖，"三高"、骨质疏松等疾病都与终日饱食有着密切的关系。所以，七八分饱，保健康。餐餐十分饱不但不会给人们的健康加分，反而会对身体不利。

轻食的饮食原则

·控制脂肪摄入量

脂肪分"好"与"坏"。有些脂肪可以降低胆固醇，提升机体的免疫力，这些就是"好"脂肪，包括单不饱和脂肪酸、多不饱和脂肪酸。不饱和脂肪酸帮助人体排出体内多余的"垃圾"，调整人体的各项机能，有利于去脂瘦身。而有些动物性脂肪，摄入过度会导致肥胖，还很容易增加体内的胆固醇含量，这就是"坏"脂肪。在日常膳食中应减少饱和脂肪酸、增加不饱和脂肪酸的摄入，如以植物油代替动物油，食用肉类时优选瘦肉、鱼虾等，不宜多吃高脂肪的肉制品。

·补充膳食纤维

膳食纤维是一种不能被人体消化的碳水化合物，分为非水溶性和水溶性两大类。纤维素、半纤维素和木质素是三种常见的非水溶性纤维，存在于植物细胞壁中；而果胶和树胶等属于水溶性纤维，存在于自然界的非纤维物质中。膳食纤维对促进消化和排泄固体废物有着举足轻重的作用。适量地补充膳食纤维，可促进肠道蠕动，从而加快排便速度，降低脂肪囤积的风险。

·补充蛋白质

蛋白质是一切生命的物质基础，是机体细胞的重要组成部分，是人体组织更新和修补的主要原料。机体中所有重要组成部分都有蛋白质参与。蛋白质分子量较大，在体内的代谢时间较长，可长时间保持饱腹感，有利于控制饮食量。同时蛋白质可抑制促进脂肪形成的激素分泌，减少赘肉的产生。最重要的是，蛋白质不会过多在体内储存，也不会大量地转化成脂肪，除用于机体正常生理需求以外，大部分会代谢掉。

·摄入适量碳水化合物

碳水化合物亦称糖类化合物，是生命细胞结构的主要成分及主要供能物质，有调节脂肪代谢、提供膳食纤维的重要功能。碳水化合物的主要食物来源有糖类、谷物、水果、干果类、根茎蔬菜类等。由于碳水化合物来源不同，有瘦身需求的人应慎重选择食物，选择健康的碳水化合物食物，避免因碳水化合物引起肥胖和其他疾病。应尽量少食用低纤维碳水化合物，如高糖食物、淀粉类食物和精加工的谷物。可多食用含大量纤维的碳水化合物，如全麦类食物，不仅有助于控制体重，而且还可以帮助降低患病的概率。

如何在日常生活中坚持轻食

很多人认为轻食减脂，就是不吃鱼肉蛋奶，只吃蔬菜水果；也有很多人认为，减肥就要对自己狠，每天饥肠辘辘，带着饥饿感入睡，体重下降得才快。其实这都是错误的观点。实际上，饥饿感对减肥影响较大，它会让人难以坚持下去，让人产生精神上被剥夺的感觉。过度克制食欲，会让人产生食欲反弹的现象，出现暴饮暴食，甚至会引起神经性贪食症和暴食症。所以想要在日常生活中坚持轻食饮食的方法，就必须减少饥饿感，让身体尽量处于满足的状态。因此，坚持轻食时，三餐时间根据自己的实际情况调整。例如，大部分白领上班族 9 点才吃早饭，那么午饭就应当适当延迟到 13 点左右，晚饭可以挪到 18 点到 19 点。上午和下午之间都可以进行加餐，诸如一个蛋、一杯低脂奶或者一个苹果都是很好的选择，尽量不让自己处于饥饿到难受的状态。晚上也尽量提早入睡，避免夜晚饥饿感过于强烈而引起暴食。在决定开始轻食前，建议自己先记录下体重、BMI 值、目标体重，方便自己对成果进行检验，同时每日记录自己摄入的热量。

如何选择轻食的食材

减肥过程中，控制饮食是绝对必需的，但并非每日摄入的能量越少越好。维持人体健康需要足够的蛋白质、维生素和矿物质，如果少了它们，身体健康会受到很大影响，严重情况下会直接影响到生命健康。因此，减肥期间饮食能减少的，只有两样东西：脂肪和碳水化合物。

鱼肉类食物都需要挑选脂肪较低的类型，不吃油炸食品、饼干点心、膨化食品等脂肪含量高的食物。减少碳水化合物的方法是要远离含糖食品，如饮料、糖果、饼干等零食。不过减肥期间脂肪和碳水化合物也不是越少越好，哪怕是减肥期间，每天也至少需要 20 克脂肪维持健康，根据身体体质不同，每日摄入量在 30~50 克之间为宜，因为这样不仅能保证吃食物时有愉悦感，不至于产生过强的剥夺感，而且可以保证脂溶性维生素能正常吸收，同时保证有必需脂肪酸的供应，避免形成胆结石。

碳水化合物则是人体最重要的能量来源，减肥期间每日也需要摄入 150 克的粗粮或者薯类、豆类，以避免脂肪大量分解而形成酮体，导致酸中毒，也可以避免身体蛋白质过量分解，造成肌肉流失。

轻食的烹饪方法

食物的加工方法有很多，轻食减脂期间，需要遵循低脂、低热量、少油的饮食要求，下面介绍几种适合瘦身期间使用的烹调方法。

生食

生食即不经过任何烹调，只需洗净即可直接调味拌匀食用的方法，比如生菜、黄瓜、圣女果等蔬果，都可以清洗后直接食用。但需要注意的是，不是所有蔬菜都适宜生吃，比如菠菜。

焯水

焯水是接近于生食的一种烹调方法。一般将食物清洗干净，切成恰当的形状之后，用开水烫过，再加调料拌匀即可。此加工方法能较好地保存食物的营养。

蒸

将食物拌好调料后放入容器中隔水蒸，是常用的烹调方法之一。蒸是利用水蒸气的高温烹制，由于水不触及食物，所以能保持食物的原汁原味，营养流失也少，比起炒、炸等烹饪方法，蒸出来的饭菜所含的油脂要少很多，非常适合瘦身期间食用。

煮

煮是常用的烹制方法之一。将食物下锅加水，先用大火煮沸后，再用小火煮熟即可。一般适用于烹制体形小且易熟的食物。食物中的有效成分能较好地溶解于汤汁中，可连汤一起食用，需注意不要在水中加过多调料，以保证原汁原味，清淡爽口。

烤

烤是指用铝箔纸包裹食物，或在烤盘上铺上一层锡纸，将食物放入预热后的烤箱中烤熟的烹制方法。此加工方法适用于自身含油脂的食物，不用再额外刷油，从而做到少摄取油脂。

常见轻食食材的挑选与存放

　　选择沙拉和果汁食材的原则就是新鲜、成熟、没有污染，还有就是你喜欢吃的，这样的食材才能做出优质的沙拉和果汁。下面介绍一些常见食材的挑选与存放方法。

生菜

挑选： 选择叶片肥厚适中、叶质鲜嫩、叶绿梗白且无蔫叶的。

存放： 冷藏储存，储存时应远离苹果、梨和香蕉，以免诱发赤褐斑。

紫甘蓝

挑选： 选择用手摸着硬实的，同样重量时，以体积小者为佳。

存放： 用保鲜袋装好，放在冰箱中可保存 10 天左右。

秋葵

挑选： 应选择形状饱和、体积较小、直挺、有点韧度的。

存放： 用保鲜袋装好，放入冰箱冷藏。

圣女果

挑选： 选择颜色深、果实重的。

存放： 一般冷藏保存，可保鲜 3 天左右。

黄瓜

挑选： 选择直挺鲜嫩、顶花带刺、无烂伤的。

存放： 冷藏保存，可保鲜3~5天。

苦菊

挑选： 选择叶子嫩绿、卷曲富有弹性、茎长且新鲜的。

存放： 冷藏保存即可。

芝麻菜

挑选： 在购买芝麻菜时要选择健壮、叶子翠绿的。

存放： 冷藏保存即可。

土豆

挑选： 选择表皮土黄色、无损伤、没有芽的。

存放： 存放温度应为1~10℃，避免日晒。

西蓝花

挑选： 选择颜色鲜亮、花球紧实、表面没有凹凸的。

存放： 冷藏保存即可。

洋葱

挑选：选择表皮干，表皮有茶色纹理的紫皮洋葱。

存放：储存在阴凉、干燥、避光的地方即可。

菠菜

挑选：选择菜梗短、叶子新鲜的。

存放：保鲜袋装好，冷藏保存。

芦笋

挑选：选择上下均匀、长20厘米左右、有花头的。

存放：用厨房纸将芦笋卷好，喷上水放在冰箱中冷藏保存。

玉米

挑选：选择玉米粒软嫩、饱满，玉米须整齐的。

存放：冷藏、冷冻保存均可。

芹菜

挑选：一般根茎部分没有裂痕和变质，菜叶呈绿色的芹菜较为新鲜。

存放：买回的芹菜先吃叶，梗洗净切段放入保鲜袋或保鲜盒中冷藏保存。

南瓜

挑选： 选择颜色深黄、条纹粗重、外皮紧实的。

存放： 可储存在干燥通风，温度适宜的室内。

茄子

挑选： 有光泽、个头大且分量轻的才是嫩茄子、好茄子。

存放： 用保鲜膜包裹，冷藏保存即可。

柠檬

挑选： 选择色泽鲜艳、色泽均匀、皮发亮的。

存放： 常温下保存；气温较高时，放冰箱冷藏保存。

山药

挑选： 选择表皮光滑无伤痕、形状完整肥厚、颜色均匀有光泽、不干枯、无根须的。

存放： 可考虑带皮保存，将山药去泥土，洗净，用保鲜膜包裹放入冰箱冷藏储存。

胡萝卜

挑选： 尽量挑选颜色新鲜、摸起来硬实的。

存放： 可储存在阴凉通风的地方，或放入冰箱冷藏保存。

火龙果

挑选：首先是看颜色，没成熟的是绿色，成熟后变红，越红说明熟得越好。

存放：放在阴凉通风处即可。

莲藕

挑选：挑选外皮呈黄褐色，体形比较长、比较粗壮的，有一股自然的清香味，藕的两头最好有藕节。

存放：切过的莲藕要在切口处覆以保鲜膜，放置冰箱冷藏保存。

樱桃萝卜

挑选：选樱桃萝卜的时候看它的根须就可以了，如果想吃辣的就选根须多的，如果想吃甜脆的就选根须少的。

存放：可储存在干燥通风、温度适宜的室内。

苹果

挑选：选择有浅绿色的蒂，果皮有一丝丝条纹的。

存放：将苹果单独装进塑料袋中，放在阴凉通风的地方。

芒果

挑选：选择果实饱满、果皮细致光滑、色泽金黄的。

存放：存放在避光通风的地方。

草莓

挑选： 选择大小适中、外形均匀、色泽鲜亮、草莓子是白色的。

存放： 放入冰箱冷藏保存即可。

香蕉

挑选： 选择外皮完好无损、呈金黄色、有光泽的。

存放： 将香蕉挂放或将拱面向上放置，能延长储存时间，应避免和苹果同放。

牛油果

挑选： 选择颜色深度适中、轻捏有弹性的。

存放： 若是未熟透的牛油果，可室温放置熟透；若是熟透的牛油果，可用保鲜膜包好，放入冰箱中冷藏保存。

橙子

挑选： 选择果皮颜色深且光滑、捏起来比较有弹性的。

存放： 冷藏保存或放入阴凉处均可。

猕猴桃

挑选： 选择果形饱满、外皮呈黄褐色、有弹性的。

存放： 放在阴凉处即可，若想催熟可和苹果放在一起。

菠萝

挑选： 好的菠萝果实大小均匀适中，果形端正，外表皮呈淡黄色或亮黄色，果肉香气馥郁。

存放： 没切的菠萝放在阴凉处常温保存即可，不要放在冰箱里，也不能放在袋子里捂着。

蓝莓

挑选： 表面有白雾、颜色呈深紫色、外皮完好的蓝莓更甜。

存放： 将蓝莓用厨房纸包好，冷藏保存即可。

橘子

挑选： 表皮有光泽、颜色较深的橘子比较新鲜，拿在手里无轻浮感，轻捏表皮，就会发现橘子皮上会冒出一些油；或是透过果皮，闻到阵阵香气。

存放： 放在常温、干燥、通风、阴凉的地方进行保存。

牛肉

挑选： 选择色泽红润有光泽、用手触摸不粘手、按压有弹性的。

存放： 可冷冻保存。

鸡肉

挑选： 选择粉红色且有光泽、肉质紧密、按压有轻微弹性的。

存放： 可冷冻保存。

鸭肉

挑选： 优质鸭肉表面光滑，呈乳白色，切开后切面呈玫瑰色。

存放： 将鸭肉沥干水分放入冰箱冷冻即可。

鱿鱼

挑选： 优质的鱿鱼体形完整，呈粉红色，有光泽，肉肥厚，半透明，背部不红。

存放： 可放冰箱冷冻保存。

鳕鱼

挑选： 选择肉质洁白，肉上没有特别粗、特别明显的红线鳕鱼。

存放： 可放冰箱冷冻保存。

虾仁

挑选： 好的冻虾仁应是无色透明，手感饱满并富有弹性的。

存放： 可放冰箱冷冻保存。

三文鱼

挑选： 选择鱼肉色泽艳丽、有光泽、纹路清晰、用手按压有弹性的。

存放： 现买现吃为佳。

第二章

轻食沙拉，
轻松吃出好身材

轻食沙拉，少盐、少油、低热量，不仅吃得美味，更吃得健康，是减脂瘦身的上佳选择。轻食沙拉，吃出好身材，吃出健康！

教你制作美味又健康的沙拉

沙拉想吃得健康又美味，有些小技巧你需要知道。

优选应季食材

　　沙拉食材应优先选择应季食材，虽然现在春夏秋冬都能吃到反季节蔬菜或水果，不用担心买不到食材，但利用应季的蔬菜或水果，还有新鲜的海鲜、肉类，能制作出营养丰富、口感更佳的沙拉。例如，生菜中加些野蒜就是一道春天特有的沙拉；夏天的圣女果、黄瓜，做沙拉能开胃、促食欲；秋天是海鲜的繁盛季，适合做海鲜沙拉；冬天则适合用爽脆的白萝卜和白菜做沙拉。应季食材不仅风味更好，也更加健康。

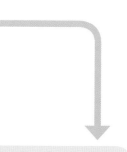

蔬菜清洗前可浸泡 30 分钟

　　清洗蔬菜先浸泡30分钟左右能有效去除蔬菜外表上残留的农药和泥土，再用流水冲洗两三次即可洗净。用这种方法清洗蔬菜不仅干净，而且口感更加爽脆，可谓一举两得。此外，如果是储存在冰箱中的蔬菜，拿出来后可将蔬菜放在冰水中浸泡片刻，然后再清洗，这样可使蔬菜恢复部分失去的水分，使蔬菜的颜色翠绿，也会因为蔬菜充满水分，吃起来口感更加爽脆。

蔬菜要尽量沥干水分

　　如果蔬菜有太多水分，就会使沙拉酱的味道变淡，也会使沙拉的口感大打折扣，因此，蔬菜清洗后要尽量沥干水分。

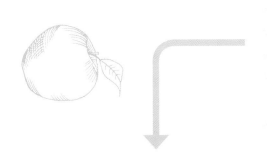

部分食材处理后要防止氧化

比如苹果、梨这类食材在削皮后会迅速氧化变黑，所以要准备一盆柠檬冰水（柠檬汁适量即可，目的是达到酸碱中和），将处理好的食材泡入冰水中，就可避免食材氧化。

食材煎制或焯水也讲究技巧

想做出可口的沙拉，就要掌握好食材温度，焯水或煎制完的食材需要晾凉，以免其自身热量将其他蔬菜打蔫。坚果加入沙拉前可以在不粘锅中干炒一下，这样会更加香脆。如果是冷藏的水果需要放置到室温后再使用，因为水果太凉，难以吃出甜味。

沙拉酱怎么放

做沙拉时，需要注意味道比较重且黏稠的沙拉酱不能直接淋在食材上，应与食材轻轻拌匀，这样才容易入味；相反，如果沙拉酱的味道柔和且比较稀，那么即使淋在食材上也不会出现调味不匀的情况，而且蔬菜类的食材也不会马上脱水。

有时，还要根据制作沙拉的食材来选择沙拉酱的添加时间，比如用土豆、西蓝花、圣女果等比较硬的食材制作沙拉时，在上桌前5分钟放入沙拉酱搅拌比较能保证口感。用叶菜或嫩芽制作沙拉时，应在即将要上桌前淋上沙拉酱，这样才能让食材保持新鲜、味美。

另外，自制的沙拉酱最好提前做好并存放一段时间，这样比刚做出来时味道好。在利用洋葱、大蒜或水果做沙拉酱时，提前做好会使其充分吸收调料的味道。

10 种低热量沙拉酱的配方

低热量蛋黄酱

材料： 蛋黄 1 个，橄榄油 20 毫升，白醋 30 毫升，盐适量。

做法： ①盆中放入蛋黄，用打蛋器打至蛋黄颜色变浅且体积变大。②倒入适量橄榄油，朝一个方向用力搅拌。③感觉搅拌费力时，加入白醋搅拌，再加适量橄榄油搅拌，如此反复，一边搅拌，一边轮流加入白醋和橄榄油。④搅拌达到理想稀稠程度，加盐调味即可。

低热量油醋汁

材料： 橄榄油 20 毫升，白醋 30 毫升，黑胡椒碎、盐、柠檬汁各适量。

做法： ①取小碗，依次放入盐、黑胡椒碎、白醋、橄榄油和柠檬汁。②用筷子或小勺将酱汁搅拌均匀即可。

中式沙拉汁

材料： 生抽30毫升，熟白芝麻5克，红椒丁、姜末、橄榄油各适量。

做法： 将生抽、熟白芝麻、红椒丁、姜末放入小碗，淋上热橄榄油即可。

海鲜沙拉酱汁

材料： 原味海鲜酱、料酒各 20 毫升，生抽 10 毫升，蒜末适量。

做法： ①取小碗，依次放入原味海鲜酱、料酒、生抽、蒜末。②用筷子或小勺将酱汁搅拌均匀即可。

番茄沙拉酱

材料： 番茄 1 个，橄榄油 20 毫升，胡椒碎 2 克，蒜末、盐、柠檬汁、蜂蜜各适量。

做法： ①番茄洗净，切成小块。②锅烧热，倒入橄榄油，放入番茄，翻炒至番茄出汤、变软，再放入蒜末、胡椒碎、盐，小火熬至酱料黏稠。③临出锅前加入柠檬汁，关火，盛到碗中，冷却后可以加入适量蜂蜜，搅拌均匀即可。

酸奶沙拉酱

材料： 脱脂酸奶 50 毫升，低脂牛奶 20 毫升，橄榄油、白醋各 10 毫升，盐适量。

做法： ①取小碗，先放入脱脂酸奶和低脂牛奶，搅拌均匀后再放入盐、白醋和橄榄油。②用筷子或小勺将酱汁搅拌均匀即可。

芥末沙拉酱

材料： 黄芥末酱 10 克，橄榄油 10 毫升，白酒醋 30 毫升，白糖、盐各适量。

做法： ①碗中放入黄芥末酱、白酒醋、白糖、盐搅拌均匀。②放入橄榄油，搅拌均匀即可。

日式低热量沙拉酱

材料： 白芝麻酱 20 克，橄榄油 20 毫升，白芝麻 2 克，味淋、醋、水各 10 毫升，盐、白糖各适量。

做法： ①白芝麻洗净，沥干，放在煎锅上用小火焙香。②取小碗，放入白芝麻酱、味淋、橄榄油、醋、水、白糖、盐搅拌均匀，撒入白芝麻即可。

韩式蒜蓉沙拉酱

材料： 韩式辣酱 20 克，鱼露 10 毫升，姜末、蒜末、盐、黑胡椒碎各适量。

做法： ①取小碗，放入韩式辣酱和鱼露，搅拌均匀。②放入姜末、蒜末、盐和黑胡椒碎，搅拌均匀即可。

泰式酸辣酱

材料： 朝天椒 6 个，橄榄油 10 毫升，鱼露 5 毫升，白醋 30 毫升，蒜末、姜末、盐和柠檬汁各适量。

做法： ①朝天椒洗净，切成碎末。②碗中放入所有材料，搅拌均匀即可。

咸鲜　50分钟　★★★

食材

- 鳕鱼 100 克
- 秋葵 6 根
- 黄瓜 1/2 根
- 生菜 6~7 大片
- 盐适量
- 黑胡椒碎适量
- 柠檬汁适量

搭配酱汁

- 低热量油醋汁

主食沙拉

盐烤秋葵鳕鱼沙拉

秋葵搭配脂肪含量低的鳕鱼，不仅能保证营养的均衡，而且热量低，有助于控制热量，保持身材，适合作为主食食用。

扫一扫看视频

黄瓜洗净，沥干水分，切成薄片；生菜洗净，沥干水分，撕成小片；鳕鱼洗净，切块；秋葵洗净，去除根蒂，切段。

鳕鱼块用盐、黑胡椒碎、柠檬汁腌制 20 分钟。烤箱 180℃预热，将鳕鱼放入烤箱烤熟，取出备用。

 代表沙拉味道　 代表沙拉制作时间　 代表沙拉制作难度

烤秋葵前，要把秋葵沥干水分，或者用厨房纸巾吸干秋葵表面的水分。

在秋葵上撒盐，抹匀，平铺在烤盘内。烤箱180℃预热，放入秋葵烤10分钟，取出备用。

将黄瓜片和生菜片装入盘子里。

将烤好的鳕鱼块、秋葵放入盘中，搭配低热量油醋汁食用即可。

食材

- 长茄子 1/2 根
- 鳕鱼 100 克
- 苦菊 1 小把
- 橄榄油适量
- 黑胡椒碎适量
- 盐适量

搭配酱汁

- 海鲜沙拉酱汁

茄子鳕鱼沙拉

茄子鳕鱼沙拉，既有蔬菜又有鱼类，很适合作为主食食用，营养丰富，味道鲜美。茄子要尽量切薄，横截面越大越好，这样更容易熟。吃茄子时不要去掉茄子皮，因为茄子的营养成分主要在皮里。另外，用烤鳕鱼出的油煎茄片是少油、降低热量的好方法。

扫一扫看视频

长茄子洗净，擦干表面水分，切成薄片。烤箱 180℃ 预热，将茄子放入烤箱烤熟。

鳕鱼洗净，切块，撒上盐、黑胡椒碎腌制 20 分钟。

烤箱 180℃ 预热，将鳕鱼放入烤箱烤熟，取出，放入茄子片中。

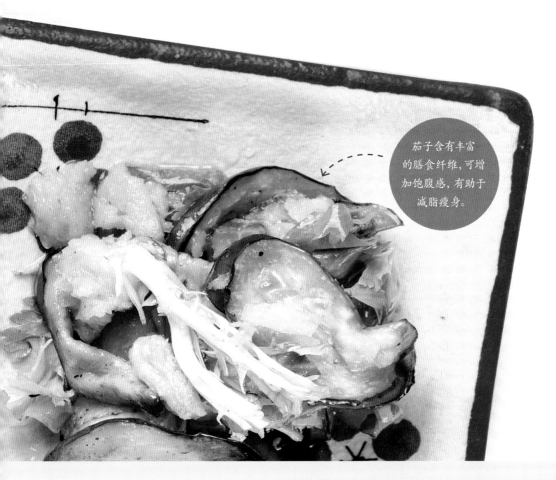

茄子含有丰富的膳食纤维，可增加饱腹感，有助于减脂瘦身。

苦菊洗净，撕成小段，装入盘中备用。

加入苦菊段，搭配海鲜沙拉酱汁食用即可。

酥脆　60 分钟　★★★

食材

· 藜麦 20 克
· 鳕鱼 100 克
· 杏仁 5 颗
· 圣女果 5 个
· 黑胡椒碎适量
· 盐适量
· 柠檬汁适量

搭配酱汁

· 低热量油醋汁

鳕鱼藜麦杏仁沙拉

煮熟的藜麦有麦香味，口感类似鱼子，再加上鳕鱼的鲜美、杏仁的香脆、圣女果的清甜，十分爽口宜人。如果不喜欢圣女果，可以换成绿叶蔬菜，或者口感脆一点的水果，如梨、苹果或者冬枣等。

扫一扫看视频

1

藜麦加水，提前浸泡 3 小时。洗净后放入锅中，加水加热 15 分钟，边加热边搅拌，煮至藜麦透明，关火，藜麦沥水待用。

2

鳕鱼洗净，撕掉外皮，用盐、黑胡椒碎、柠檬汁腌 20 分钟。烤箱 180 ℃预热，放入鳕鱼烤 10 分钟，取出。

3

杏仁用煎锅小火焙香，再用擀面杖碾碎，放入碗中备用。

杏仁也可以烤香后不碾碎，整粒吃口感更特别。

圣女果洗净，对半切开。

将圣女果和烤好的鳕鱼装盘。

倒入藜麦，撒上杏仁碎，搅拌均匀，搭配低热量油醋汁食用即可。

脆薯圣女果沙拉

脆薯圣女果沙拉中有生菜、鸡蛋、圣女果，还有可以作为主食的红薯，红、绿、黄、白四色搭配，色彩鲜艳；营养方面，包含维生素、蛋白质、膳食纤维等多种营养物质，不仅营养丰富、口感清爽，还能控制热量的摄入，适合作为主食食用。

色彩鲜艳，营养丰富，饱腹感强。

脆爽　　40 分钟　　★★★

食材

红薯 100 克，圣女果 5 个，生菜 6~7 大片，鸡蛋 1 个，橄榄油适量。

搭配酱汁

芥末沙拉酱

鸡蛋放入锅中，加适量清水煮熟，捞出放凉，剥壳后切成片，放入盘中备用。

红薯洗净，去皮，切成薄片。在红薯薄片表面刷一层橄榄油。

烤箱 220℃预热，放入红薯片烤熟。

生菜洗净，沥干水分，用手撕成片，装入盘中备用。

圣女果洗净，沥干水分，对半切开，装入盘中备用。

将红薯片、圣女果、生菜片、鸡蛋放入大碗中，搭配芥末沙拉酱食用即可。

食材

· 秋葵 5 根
· 去皮鸡胸肉 100 克
· 黄椒 1/2 个
· 黑胡椒碎适量
· 盐适量

搭配酱汁

· 芥末沙拉酱

秋葵鸡肉沙拉

鸡肉是脂肪含量较低的肉类，尤其是鸡胸肉，脂肪含量更低，而且富含蛋白质，同时也具有补身体的作用。鸡肉去皮可以去掉多余油脂，让热量更低。将鸡胸肉和秋葵搭配，荤素营养均衡，适合作为主食食用。

扫一扫看视频

① 将去皮鸡胸肉洗净，沥干水分，切成小丁，放入盘中备用。

② 将黑胡椒碎和盐抹在鸡胸肉上，腌制 10 分钟。烤箱 220℃预热，将鸡胸肉丁放入烤箱烤熟。

③ 秋葵洗净，去除根蒂，放入沸水中焯熟，切成小段，捞出，沥干水分。

这道沙拉高蛋白、低脂肪，减肥的人吃起来毫无负担。

将黄椒洗净，切成小块，装入盘中备用。

将秋葵段和烤好的鸡胸肉丁装入盘中备用。

放入黄椒块，搭配芥末沙拉酱食用即可。

香嫩　　30分钟　　★★

食材

· 去皮鸡胸肉 100 克
· 苦菊 1 把
· 黄椒 1/2 个
· 黑胡椒碎适量
· 盐适量

搭配酱汁

· 日式低热量沙拉酱

苦菊鸡肉沙拉

去皮鸡胸肉富含蛋白质，脂肪含量低，营养丰富且不容易长胖，非常适合制作沙拉。这道鸡肉蔬菜沙拉，将肉和菜相结合，荤素搭配，营养均衡，饱腹感强，很适合减肥人群作为主食食用。

扫一扫看视频

1

去皮鸡胸肉洗净，沥干水分，切成小丁，放入盘中。

2

把黑胡椒碎和盐撒在鸡胸肉丁上，腌制 10 分钟。烤箱 220℃预热，将鸡胸肉丁放入烤箱烤熟，取出晾凉。

3

将黄椒洗净，沥干水分后切成小丁，装入盘中备用。

黄椒也可用红椒、青椒代替，不喜欢吃辣的要避免选择辣味重的彩椒。

4

将苦菊洗净并沥干水分，用手撕成小段，装入盘中备用。

5

将鸡胸肉丁、苦菊和黄椒全部放入盘中，搭配日式低热量沙拉酱食用即可。

咸香　40分钟　★★★

食材

· 鸡蛋 1 个

· 去皮鸡胸肉 100 克

· 圣女果 4~5 个

· 洋葱 1/6 个

· 生菜 4~5 小片

· 芝士碎适量

· 黑胡椒碎适量

· 盐适量

搭配酱汁

· 低热量蛋黄酱

考伯沙拉

减重时最常吃的高蛋白食物有 3 种：鸡蛋、鸡胸肉、豆腐。考伯沙拉就将鸡胸肉和鸡蛋搭配在一起，再加上果蔬，淋上沙拉酱，打造出了不同风味的高蛋白质食谱，快跟着做起来吧！

扫一扫看视频

1

去皮鸡胸肉洗净，切成小丁，用黑胡椒碎和盐腌制 10 分钟。烤箱 220℃预热，将鸡胸肉丁放入烤箱，烤熟取出。

2

鸡蛋煮熟，放入冷水中晾凉，去壳，切成小丁后装盘备用。

3

圣女果洗净，擦干表面水分，对半切开后装盘备用。

肉、蛋、菜、水果全涵盖，能为人体补充多种营养。

洋葱洗净，擦干表面水分，切成碎丁，装盘备用。

生菜洗净后沥干水分，用手撕成片，放入盘中备用。

将以上食材放入盘中，撒上适量芝士碎、黑胡椒碎。搭配低热量蛋黄酱食用即可。

扫一扫看视频

黑胡椒棒棒鸡沙拉

棒棒鸡是川菜中的一道凉菜，将川菜做成沙拉，光听名字就知道是中西结合的创意沙拉。只不过这道沙拉没有川菜的辣，而是将辣椒换成了黑胡椒碎，再浇上日式低热量沙拉酱，想想就已经开始流口水了。有减脂需求的可以将鸡皮去掉，这样热量更低。

为了降低热量，可以将鸡皮去掉食用。

咸香　60 分钟　★★★

食材

鸡腿 100 克，生菜 5 片，圣女果 5 个，黄瓜 1/2 根，黑胡椒碎、酱油、盐、黑芝麻各适量。

搭配酱汁

日式低热量沙拉酱

鸡腿洗净，去骨、取肉，放入碗中，加入黑胡椒碎、酱油和盐，搅拌均匀，腌制 30 分钟。

烤箱 220 ℃预热，放入鸡肉，烤至金黄后取出，晾凉。

生菜洗净，沥干水分，用手撕成片。

黄瓜、圣女果分别洗净，圣女果对半切开，黄瓜切片，一起铺在生菜片上。

放入鸡肉，撒上黑芝麻，搭配日式低热量沙拉酱食用即可。

扫一扫看视频

美式土豆沙拉

美式土豆沙拉以土豆和鸡蛋为主要
食材，薯类和高蛋白搭配，营养丰
富，很适合作为主食食用。蛋黄和
蛋白的分离是美式沙拉的特色，加
上酸爽的酸黄瓜，更加清爽可口。

这道沙拉
可以在早餐或
晚餐时作为主食
食用。

香糯　35分钟　★★

食材

土豆1个，鸡蛋1个，洋葱1/4个，酸黄瓜1小根，芹菜1/2根，
盐、白糖、白醋、黑胡椒碎各适量。

搭配酱汁

低热量蛋黄酱

土豆去皮，切成小块，放
入锅中，加水没过土豆块，
在水中加盐和白糖，煮至
熟透。

捞出土豆块沥干，放入大
碗中，加适量白醋，搅拌
均匀，晾凉。

酸黄瓜切成薄片，放入碗
中备用。

洋葱、芹菜分别洗净，洋
葱切成细丝，芹菜切丁。

鸡蛋冷水下锅，煮熟后将
鸡蛋放冷水中冷却，去壳，
切成小丁。

将以上食材一起放入盘
中，撒上黑胡椒碎，搭配
低热量蛋黄酱食用即可。

爽滑　**50分钟**　★★★

食材

- 土豆 1 个
- 虾仁 8 个
- 熟玉米粒 30 克
- 黄瓜 1/2 根
- 红椒丝适量
- 料酒适量
- 黑胡椒碎适量
- 盐适量

搭配酱汁

- 低热量蛋黄酱

土豆虾仁沙拉

土豆虾仁沙拉中有土豆、虾仁、熟玉米粒。土豆属于薯类，吃完容易有饱腹感；虾仁鲜嫩，营养丰富；玉米粒清甜可口。加入黄瓜是为了增加爽脆的口感，同时虾仁、黄瓜、玉米粒都是脂肪含量低的食物，可以控制热量的摄入，很适合正在减肥的人作为主食来食用。

扫一扫看视频

1 虾仁去虾线，洗净，用料酒、黑胡椒碎腌制。烤箱 180℃预热，放入虾仁烤熟。

2 腌制虾仁的同时，将土豆洗净，去皮，切成小块。

3 将土豆块放入锅中，加水煮熟。也可以放入盘中，上锅蒸熟。

可撒上红椒丝点缀。

黄瓜洗净，切成小丁，喜欢酸味的可以选用酸黄瓜。

将黄瓜丁、熟玉米粒、虾仁放入土豆中，再放入盐，搭配低热量蛋黄酱食用即可。

脆嫩　40分钟　★★

食材

· 橙子1个
· 虾仁8个
· 鸡蛋1个
· 生菜4~5大片
· 盐适量
· 料酒适量

搭配酱汁

· 低热量蛋黄酱

香橙虾仁沙拉

香橙虾仁沙拉中有橙子、虾仁、鸡蛋、生菜，包括水果、水产类、禽蛋、蔬菜，营养丰富，且都是低热量的食材，再搭配低热量蛋黄酱，口感十分丰富。橙子可以用蜜柚、橘子来代替。也可以不放任何沙拉酱，只放酸奶即可。

扫一扫看视频

虾仁去掉虾线，洗净，放上盐和料酒腌制20分钟。烤箱180℃预热，放入虾仁烤熟备用。

鸡蛋煮熟，放入凉水中冷却后剥壳，切成块。

虾仁烤得外脆内嫩，吃起来别有风味。

生菜洗净，沥干水分，用手撕成片，装入盘中备用。

橙子去皮，取果肉，切成小块。

将以上食材一起装入盘中，搭配低热量蛋黄酱食用即可。

鲜香　30分钟　★★

食材

· 土豆 1 个
· 金枪鱼罐头肉 50 克
· 芝麻菜 100 克
· 鸡蛋 1~2 个
· 盐适量
· 黑胡椒碎适量

搭配酱汁

· 芥末沙拉酱

金枪鱼土豆沙拉

金枪鱼土豆沙拉可以作为主食，金枪鱼罐头最好选择"盐水浸"的，相比"油浸"金枪鱼，这种罐头热量较低。如果没有芝麻菜可以换成生菜或菠菜。口味较淡的人可以不放沙拉酱，原汁原味也好吃。

扫一扫看视频

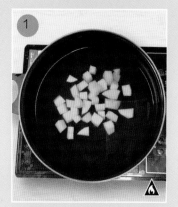

1

土豆去皮、洗净，切成小块，放入锅中，加水煮熟。

2

将土豆块取出，放入大碗中，用勺背碾成泥。

3

鸡蛋放入锅中，加水煮熟。

宜选用盐水浸金枪鱼罐头，油浸金枪鱼罐头不宜选用。

④

将煮熟的鸡蛋捞出，去壳，对半切开，装盘备用。

⑤

芝麻菜洗净后沥干水分，切成小段，装盘备用。

⑥

以上食材一起装盘，加盐、黑胡椒碎搅拌均匀，放入金枪鱼肉，搭配芥末沙拉酱食用即可。

扫一扫看视频

芒果鸭胸肉沙拉

芒果鸭胸肉沙拉的主料是鸭胸肉、芒果，搭配有生菜。鸭胸肉脂肪含量较低，是典型的低热量肉类食材，与芒果一起做沙拉肥而不腻，果香与肉香的结合恰到好处，既能满足瘦身的需求，又能吃得美味。

可在鸭胸肉上戳一些小孔再腌制，这样更入味。

浓郁　　50分钟　　★★★

食材

鸭胸肉 100 克，芒果 2~3 个，生菜 5 片，酱油、盐、料酒、蚝油、黑胡椒碎、蜂蜜、黑芝麻、柠檬汁各适量。

搭配酱汁

泰式酸辣酱

1 鸭胸肉去皮，洗净，加盐、酱油、料酒、蚝油、黑胡椒碎搅拌均匀，腌制 30 分钟。

2 烤箱 220℃预热，将鸭胸肉置烤盘上，再放入烤箱烤制 10 分钟，取出后在鸭肉表面刷一层蜂蜜，再烤 5 分钟。取出，晾凉，切片。

3 将芒果去皮、去核，切片备用。

4 将生菜洗净，用手撕成片。

5 将鸭胸肉片、生菜片、芒果片放入盘中备用。

6 撒上黑芝麻，淋上柠檬汁，搭配泰式酸辣酱食用即可。

香醇　50分钟　★★★

食材

- 牛排 200 克
- 西蓝花 10 小朵
- 圣女果 5 个
- 洋葱 1/2 个
- 红酒 100 毫升
- 蒜 5 瓣
- 黑胡椒碎适量
- 盐适量
- 酱油适量

搭配酱汁

- 日式低热量沙拉酱

红酒黑椒牛排沙拉

牛排配红酒是经典的搭配。用红酒腌制过的牛排搭配营养的蔬菜，做成美味的沙拉，也别有一番味道。在腌制牛排前用擀面杖或刀背敲打牛排的正反面，可以将牛肉的筋打断，吃起来口感更加细腻。爱吃肉的你赶紧试试吧！

扫一扫看视频

圣女果洗净，对半切开，放入碗中备用。

将蒜洗净，切成碎末，放入碗中备用。

洋葱洗净，部分切丝，部分切末，分别放入碗中备用。

牛排正反面
用刀背敲打后能
断筋，吃起来口感
更细嫩。

4

牛排洗净，撒上盐、黑胡椒碎，倒入红酒、酱油，腌制30分钟。烤箱220℃预热，放入牛排，撒上洋葱末、部分蒜末，烤熟。

5

西蓝花掰小朵，洗净，放入沸水中焯熟，捞出，沥干。

6

将以上食材一起装盘，搭配日式低热量沙拉酱食用即可。

扫一扫看视频

杂烤蔬菜沙拉

土豆、胡萝卜、杏鲍菇、圣女果、洋葱包含了薯类、蔬菜类、菌类三大类食材，再加上口感新奇、美味又吃不胖的全麦面包，营养全面，又有饱腹感，可作为晚餐食用。烤蔬菜的食材可以根据自己的喜好任意搭配，比如西蓝花、茄子、黄瓜等都可以作为食材加进来。

主食和蔬菜兼有，饱腹又健康。

咸香　　40分钟　　★★

食材

土豆 1 个，胡萝卜 1/2 根，杏鲍菇 1~3 个，圣女果 8~10 个，洋葱 1/2 个，全麦面包片 2 片，罗勒叶 4~5 片，黑胡椒碎、橄榄油各适量。

搭配酱汁

低热量油醋汁

土豆、胡萝卜、杏鲍菇分别洗净，切块；圣女果、洋葱分别洗净，圣女果对半切开，洋葱切片；罗勒叶洗净。

在土豆块、胡萝卜块、杏鲍菇块、洋葱片中加入黑胡椒碎、橄榄油拌匀。烤箱 180℃预热，放入蔬菜，撒上罗勒叶，烤熟取出。

将全麦面包片放入烤箱烤 3 分钟，取出，切块，装入盘中备用。

把切好的面包和烤好的土豆块、胡萝卜块、杏鲍菇块、洋葱片一起装盘。

放入圣女果、整片罗勒叶或罗勒叶碎，搭配低热量油醋汁食用即可。

香脆　30分钟　★★

食材

- 芦笋 4 根
- 全麦面包片 2 片
- 酸黄瓜 1 小根
- 洋葱 1/4 个
- 黑胡椒碎适量
- 盐适量

搭配酱汁

- 低热量蛋黄酱

烤面包芦笋沙拉

烤面包芦笋沙拉富含维生素等营养物质，营养丰富，可以当作早餐食用，食材可以任意搭配。如果你喜欢酸甜味，也可以将蛋黄酱换成番茄沙拉酱。

扫一扫看视频

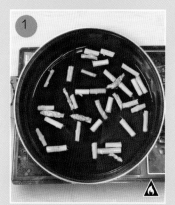

芦笋去掉底部老皮，洗净，切段，下沸水焯熟，沥干水分，装入盘中备用。

烤箱 180℃ 预热，将全麦面包片放入烤箱，烤至边缘微微变黄即可，取出后放凉，切块。

酸黄瓜切丁，洋葱切丝，放入盘中备用。

也可以把酸黄瓜换成新鲜黄瓜。

将烤好的面包块和焯熟的芦笋段一起装入盘中备用。

洋葱丝和酸黄瓜丁撒到芦笋段和面包块上。

撒上黑胡椒碎和盐，搭配低热量蛋黄酱食用即可。

鲜香　50分钟　★★★

食材

· 三文鱼 100 克
· 芒果 2~3 个
· 牛油果 1 个
· 柠檬 1 个
· 黑芝麻适量
· 黑胡椒碎适量
· 盐适量

搭配酱汁

· 海鲜沙拉酱汁

三文鱼芒果牛油果沙拉

三文鱼热量低，味道鲜美，搭配芒果和牛油果做沙拉，营养更加丰富。如果三文鱼不好买，可以将三文鱼换成鲜虾。

扫一扫看视频

1 芒果、牛油果分别去皮，去核，取果肉，切成小丁，再将柠檬对半切开，黑芝麻准备好。

2 三文鱼洗净，切块，放入碗中，加盐、黑胡椒碎腌20分钟。

3 将三文鱼块放在锡纸上，烤箱 220℃预热，烤 10 分钟，取出，装入盘中备用。

加入柠檬汁能使三文鱼口感更独特。

将牛油果丁放入碗中，再放入芒果丁，搅拌均匀。

将烤好的三文鱼块放入芒果丁、牛油果丁中，撒上黑芝麻，挤入柠檬汁，搭配海鲜沙拉酱汁食用即可。

鲜嫩　50分钟　★★

食材

- 鲜毛豆40克
- 鱿鱼花100克
- 红椒1/2个
- 料酒适量
- 黑胡椒碎适量
- 盐适量
- 生抽适量

搭配酱汁

- 芥末沙拉酱

鱿鱼毛豆沙拉

鱿鱼搭配毛豆，再配上鲜美的芥末沙拉酱，风味绝佳，既能饱腹，热量又低，很适合作为主食食用。除了购买方便的冷冻鱿鱼花外，也可以选择新鲜的鱿鱼，先切花刀，再切小块，还可以选择鱿鱼须。

扫一扫看视频

鲜毛豆洗净，放入锅中，加水煮熟，捞出，沥干水分，装入盘中备用。

鱿鱼花洗净，加入料酒、黑胡椒碎、盐、生抽腌制30分钟，放入沸水中煮熟。

也可以将毛豆
用豌豆代替。

将红椒洗净，切成小丁，放入碗中备用。

将所有食材装盘，搭配芥末沙拉酱食用
即可。

土豆泥意面沙拉

将意面和土豆结合，再搭配上美味的沙拉酱汁，既是主食也是一道特色沙拉，很适合作为主食食用。快来感受沙拉的百变吃法吧！

扫一扫看视频

土豆块也可以蒸熟或者烤熟，味道更佳。

咸香　　40分钟　　★★

食材

土豆1个，螺旋意面100克，洋葱1/6个，黄瓜1/2根，白醋、盐、黑胡椒碎、橄榄油各适量。

搭配酱汁

低热量蛋黄酱

1

烧开水，加适量盐和几滴橄榄油，放入螺旋意面，煮熟后捞出、沥干。

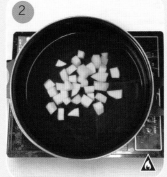

2

土豆去皮，切成块，放入锅里煮熟。

3

土豆块煮熟后捞出，放入碗中用勺背碾成泥。

4

洋葱洗净，切丁，浸泡在冷水中片刻，捞出、沥干。

5

黄瓜洗净，切成薄片，加一点盐腌制片刻，把腌出的水分倒掉。

6

将所有食材放入盘中，加入盐、黑胡椒碎和白醋搅拌均匀，搭配低热量蛋黄酱食用即可。

香甜　30分钟　★★

食材

- 蛋挞皮 4 个
- 猕猴桃 1 个
- 火龙果 1/2 个
- 橙子 1 个
- 薄荷叶适量
- 盐适量

搭配酱汁

- 酸奶沙拉酱

水果沙拉挞

将水果沙拉放在烤好的蛋挞皮上，新颖的吃法，让人更加感兴趣。一口咬下去，酥酥热热的蛋挞皮中混合着凉凉的水果，冰热交融，给人带来不一样的体验。比起将水果放入蛋挞中一起烤制，这样吃水果口感更好。

扫一扫看视频

1

烤箱 200℃预热，放入蛋挞皮烤制 10 分钟，烤好后取出。

2

猕猴桃、火龙果、橙子分别去皮，取果肉，切成大小相同的小块。

也可以将酸奶沙拉酱换成低热量蛋黄酱，尝试不同口味。

将水果放入小碗中，加入酸奶沙拉酱和盐，搅拌均匀。

将水果沙拉放在烤好的蛋挞皮上，装饰薄荷叶即可。

扫一扫看视频

蔬果沙拉

烤南瓜沙拉

南瓜中的果胶能调节胃内食物的吸收速率，使糖类吸收减慢；可溶性膳食纤维能推迟胃内食物的排空，控制饭后血糖上升。此外，果胶还能和体内多余的胆固醇结合在一起，使胆固醇吸收减少，血液中胆固醇浓度下降。因此，这道沙拉也很适合被"三高"困扰的人群食用。

南瓜也可以用蒸锅蒸熟，做成南瓜泥，也是不错的选择。

咸糯　35分钟　★★

食材

小南瓜 1/2 个，圣女果 6~10 个，芝麻菜 1 小把，罗勒叶、橄榄油、黑胡椒碎、盐各适量。

搭配酱汁

番茄沙拉酱

1 小南瓜去皮、去子，切成小块，加橄榄油、盐，搅拌均匀。

2 烤箱 180℃预热，将南瓜块放在烤盘上，放入烤箱烤 15 分钟左右。

3 圣女果、芝麻菜分别洗净，圣女果对半切开，芝麻菜撕小段，分别装入盘中备用。

4 将烤好的南瓜块倒入放有圣女果、芝麻菜的盘中。

5 放入罗勒叶，撒上黑胡椒碎，搭配番茄沙拉酱食用即可。

海带黄瓜沙拉

海带富含膳食纤维，具有吸附胆固醇并排出体外的功能，可以有效降低体内的胆固醇含量，和黄瓜搭配食用，口感更好。再搭配上自制的沙拉酱汁，味道独特又让人回味无穷，而且热量低，是很好的开胃沙拉。

扫一扫看视频

颜色翠绿，口感爽脆，很适合在炎热的夏天食用。

脆爽　 25分钟　 ★★

食材

干海带 30 克，黄瓜 1 根，圣女果 3~5 个，洋葱 1/6 个，橄榄油 1 小勺，黑醋 2 勺，蒜 5~6 瓣，盐、柠檬汁各适量。

搭配酱汁

泰式酸辣酱

1　将黄瓜洗净，切片，整齐码入盘中。

2　将洋葱洗净，切成碎末。将蒜洗净，用刀拍碎，切成末，放入小碗中备用。

3　干海带泡发、洗净，放入沸水中焯熟，切成细丝。

4　将圣女果洗净，对半切开，装入碗中备用。

5　将海带丝、黄瓜片、圣女果装盘。

6　淋上黑醋、橄榄油、柠檬汁，撒上洋葱末、蒜末、盐搅拌均匀，搭配泰式酸辣酱食用即可。

咸香　30 分钟　★★

食材

- 西蓝花 15~20 小朵
- 土豆 1 个
- 胡萝卜 1/2 根
- 毛豆适量
- 熟玉米粒适量
- 盐适量

搭配酱汁

- 低热量蛋黄酱

圣诞树沙拉

用西蓝花做成圣诞树的造型，可爱又有创意，赋予了普通食材不普通的感觉。这道沙拉不仅能增加饱腹感，还能减少热量的摄入，可以作为主食食用。作为装饰品的配菜可以任意搭配，也可以换成水果，或者换成巧克力豆，更加甜蜜。

扫一扫看视频

将胡萝卜洗净，切一片，刻成五角星状。

将西蓝花掰成一朵一朵，洗净。

西蓝花放入沸水中焯熟后过一下凉水，捞出、沥干。

西蓝花焯水后过一下凉水，可保留翠绿的颜色。

将毛豆洗净，煮熟、沥干水分，也可用豌豆代替。

土豆洗净，切小块。锅中放水，放入土豆块蒸熟，取出后碾成土豆泥，加盐搅拌均匀。

土豆泥在盘中垒成小山状，西蓝花围着土豆泥摆成小树状，撒上毛豆、玉米粒，插上胡萝卜五角星，搭配低热量蛋黄酱食用即可。

脆爽　　20 分钟　　★★

食材

· 苦菊 1 小把
· 银耳 1 大朵
· 樱桃萝卜 4~5 个
· 红椒 1/4 个

搭配酱汁

· 日式低热量沙拉酱

苦菊银耳沙拉

苦菊银耳沙拉选取的都是低热量食材。苦菊、银耳和樱桃萝卜的搭配，不仅是健康、营养、色彩丰富的美味，还是一道简单易做的中式沙拉，适合夏天佐餐食用，能够清热消暑。想要让沙拉更加清爽，还可以加一点苹果醋提升整道沙拉的口感，清爽中带一丝果香。

扫一扫看视频

1 银耳冲洗一下，放入凉水中泡发，去掉老根，用手撕成小朵，放入沸水中焯熟，捞出，沥干水分。

2 樱桃萝卜去樱，洗净，去掉头尾，切片。

3 红椒去蒂，洗净，切丝。

此道沙拉爽口开胃，热量又低，非常适合减肥人士食用。

将苦菊择去坏叶，洗净，沥干水分，用手撕成小段。

将银耳、苦菊、樱桃萝卜片装入盘中。

撒上红椒丝点缀，搭配日式低热量沙拉酱食用即可。

酥脆　30分钟　★★

食材

· 菠菜 100 克
· 核桃仁 4 个
· 鸡蛋 1 个
· 米醋适量

搭配酱汁

· 日式低热量沙拉酱

菠菜核桃仁沙拉

爽口的菠菜配上核桃，可以减轻油腻的口感。核桃仁经过煎烤后会析出一些油脂，可以放在吸油纸上吸油后再食用，能减少油脂摄入。菠菜和醋是绝配，再搭配日式低热量沙拉酱，口感更丰富。核桃仁也可以换成其他坚果，如杏仁、榛子、腰果或者花生。

扫一扫看视频

1

菠菜洗净，沥干，用手撕成小段。

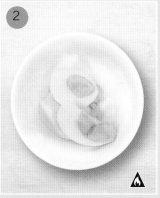

2

鸡蛋煮熟，放入凉水中冷却后剥壳，切成块。

3

将核桃仁放在煎锅上用小火煎烤至出香味，关火。

也可以将核桃仁换成杏仁、开心果、腰果等坚果。

菠菜焯水，挤干水分放入盘中，将切好的鸡蛋块一并放入。

放入核桃碎，淋入米醋，搭配日式低热量沙拉酱食用即可。

扫一扫看视频

无花果核桃沙拉

香甜的无花果搭配爽口的生菜、黄瓜，撒上香香的核桃仁碎，让没有食欲的人也能大快朵颐，再搭配蜂蜜，很适合喜欢甜食的人食用。如果不喜欢太甜的味道，可以加入些许白酒醋，调和口感中的甜味。

也可以用无花果干代替，口感会更酥脆。

清脆　30分钟　★★

食材

无花果或无花果干4个，核桃仁3个，生菜5大片，黄瓜1根，蜂蜜适量。

搭配酱汁

低热量油醋汁

核桃仁洗净，放入煎锅中，小火焙香，取出后用擀面杖碾碎。

黄瓜洗净，擦干表面水分，切成薄片，放入碗中备用。

生菜洗净，沥干水分，撕成片，放入盘中备用。

将黄瓜片和生菜片一起装入盘中。

将无花果切成小块，放入盛有黄瓜片和生菜片的盘中。

撒入核桃仁碎，淋上蜂蜜，搅拌均匀，搭配低热量油醋汁食用即可。

酸爽　30分钟　★★

食材

· 芦笋 4 根
· 猕猴桃 1 个
· 生菜 4 片
· 苹果 1/2 个
· 红椒 1/4 个
· 酸黄瓜 1 小根
· 柠檬 1 个
· 蜂蜜适量
· 干木耳适量

搭配酱汁

· 低热量油醋汁

清新绿色沙拉

绿色沙拉以芦笋、猕猴桃、生菜等绿色食材为主，是一道蔬菜和水果完美搭配的沙拉，使用绿色食材让人神清气爽，酸甜的口感可以开胃解腻。如果不喜欢芦笋，可以换成西芹、西蓝花或者冬枣等果蔬。

扫一扫看视频

干木耳泡发，去根，洗净，撕小朵，焯熟备用。

红椒洗净，切成丝；酸黄瓜切成小丁，分别装入碗中。

苹果和猕猴桃去皮，切成小块，分别装入碗中备用。

酸爽可口，开胃解腻，适合食欲不佳时食用。

生菜洗净、沥干水分，用手撕成片，装入盘中备用。

芦笋去掉底部老皮，洗净，切段，下沸水锅焯熟，沥干。

将以上食材一起放入碗中，挤入柠檬汁，倒入蜂蜜，搭配低热量油醋汁食用即可。

清咸　20分钟　★

食材
· 紫甘蓝 6~7 片
· 柠檬 1/2 个
· 黑橄榄 10 个
· 薄荷叶 2~3 片

搭配酱汁
· 低热量油醋汁

柠香紫甘蓝沙拉

柠香紫甘蓝沙拉主料是美白利器柠檬和强抗氧化的紫甘蓝。二者搭配，明黄配艳紫，色彩鲜艳夺目。同时，两者搭配，既能补充人体所需多种维生素，还能美白，保持肌肤弹性，延缓衰老，一起来做吧！

扫一扫看视频

黑橄榄洗净，对半切开，放入碗中备用。

薄荷叶洗净，沥干水分，切成碎末，放入碗中备用。

紫甘蓝洗净，切成丝；柠檬洗净，切成丝。

黑橄榄本身带
有一定咸味，所以
要酌情加盐。

将之前准备好的黑橄榄、紫甘蓝丝、柠檬
丝一起装入盘中。

撒上薄荷叶碎，搭配低热量油醋汁食用
即可。

脆爽　20分钟　★★

食材

· 莲藕 1 小节
· 黄瓜 1/2 根
· 圣女果 8~10 个
· 洋葱 1/6 个
· 橄榄油适量
· 白酒醋适量
· 白糖适量

搭配酱汁

· 芥末沙拉酱

莲藕黄瓜沙拉

莲藕、黄瓜，白绿搭配，清新怡人，口感爽脆，再搭配上芥末沙拉酱，酸辣开胃，很适合夏日食用。如果不喜欢洋葱末，换成黑胡椒碎撒在沙拉上也可以。

扫一扫看视频

莲藕洗净，去皮，切片，放入沸水中焯熟，捞出，沥干水分。

将焯熟的莲藕片切成小丁，放入碗中备用。洋葱洗净，切末备用。

此道沙拉富含膳食纤维，让肠道更有动力。

③

圣女果洗净，擦干表面水分，对半切开，装入碗中备用。

④

黄瓜洗净，擦干表面水分，切成小丁，放入碗中备用。

⑤

将以上食材一起放入盘中，加入橄榄油、白酒醋、白糖和洋葱末搅拌均匀，搭配芥末沙拉酱食用即可。

酥脆　 30分钟　 ★★

食材

· 西蓝花 10 小朵
· 红椒 1/4 个
· 腰果适量
· 榛子仁适量
· 杏仁适量

搭配酱汁

· 低热量油醋汁

西蓝花坚果沙拉

西蓝花中含有蛋白质、碳水化合物、脂肪、矿物质、维生素 C 和胡萝卜素等成分，营养非常丰富，再搭配上富含氨基酸的坚果，营养更全面。坚果的种类可以任意搭配，松子、瓜子等都可以，用小火焙香后的坚果味道更好，碾碎坚果是为了让人体更易吸收坚果的营养。

扫一扫看视频

将腰果、榛子仁、杏仁放在煎锅上焙烤至略带金黄、香气四溢后关火，取出放凉。

将焙好的坚果平铺在案板上，用擀面杖碾碎，装入碗中备用。

将西蓝花去掉梗上硬皮，掰成朵，洗净，放入沸水中焯熟，捞出、沥干。

坚果热量较高，一次不宜吃太多。

将红椒洗净，擦干表面水分，切成丝，放入碗中备用。

将西蓝花和坚果碎放入一个盘中。

撒上红椒丝，搭配低热量油醋汁食用即可。

酸辣　30 分钟　★★

食材

· 干海带 30 克
· 洋葱 1/4 个
· 柠檬 1/2 个
· 红椒 1/2 个
· 白芝麻适量

搭配酱汁

· 低热量油醋汁

柠香海带沙拉

海带营养成分丰富，热量低，蛋白质含量中等，碘元素含量高，有减脂功效。此道沙拉中的白芝麻可用小火焙香，这样更加香气四溢。

扫一扫看视频

① 干海带泡发、洗净，放入沸水中焯熟，切成细丝。

② 红椒洗净，擦干表面水分，切成丝，放入碗中备用。

③ 将洋葱去掉外皮，洗净，切成细丝。切洋葱时可以在案板上放一碗水，防止辣眼睛。

也可用苹果汁或柠檬汁代替油醋汁，这样热量会更低。

柠檬洗净，擦干表面水分，切成丝，放入碗中备用。

将海带丝与红椒丝、洋葱丝、柠檬丝一起装入盘中。

撒上白芝麻，搅拌均匀，搭配低热量油醋汁食用即可。

甜糯　40分钟　★★

食材

- 小南瓜 1/2 个
- 鸡蛋 1 个
- 酸黄瓜 1 小根
- 洋葱 1 片
- 盐适量
- 葡萄干适量

搭配酱汁

- 低热量蛋黄酱

南瓜葡萄干沙拉

南瓜泥搭配葡萄干的组合很有创意，加些酸黄瓜和洋葱碎可以解腻，而南瓜泥的软滑可以丰富口感。这道沙拉中有鸡蛋，可以酌情减少低热量蛋黄酱的量，以降低热量。

扫一扫看视频

① 酸黄瓜切成小丁；将洋葱洗净，切成碎末；小南瓜洗净，去皮、去子。

② 将南瓜切片，放入蒸锅中，蒸熟。

③ 将南瓜取出，放入碗中，用勺背碾成南瓜泥。

葡萄干可以换成其他食材,如蔓越莓干或者坚果碎。

鸡蛋下锅煮熟,煮熟后放入冷水中冷却后剥壳,对半切开。

将南瓜泥做成饼状,放上鸡蛋。

撒上洋葱碎、酸黄瓜丁、盐、葡萄干,搭配低热量蛋黄酱食用即可。

扫一扫看视频

牛蒡蔬菜沙拉

牛蒡是一种高营养、低热量的减肥食材，还有降压、降血糖等食疗作用。牛蒡口感脆爽、有嚼头，适合做沙拉。再搭配上各种蔬菜，不仅热量低，而且营养全面，也很适合肥胖型"三高"人群食用。

牛蒡
用米醋水浸泡
可以去除苦涩的
口感，还能防
止氧化。

咸香　　20分钟　　★★

食材

牛蒡 1/2 根，苦菊 1 把，胡萝卜 1/2 根，米醋、盐各适量。

搭配酱汁

低热量蛋黄酱

牛蒡洗净，切成片，放入加了米醋的水中，浸泡 10 分钟。将牛蒡放入沸水中焯熟，捞出后沥干。

苦菊择去坏叶，洗净，用手撕成小段。

胡萝卜洗净，去皮，切成丝。

将胡萝卜丝和苦菊段放在盘中。

将焯熟的牛蒡片放入盘中，加入盐，搅拌均匀，搭配低热量蛋黄酱食用即可。

扫一扫看视频

山药泥秋葵沙拉

鹰嘴豆营养成分较高，有降血糖等食疗作用，一些大型超市有售，而山药、秋葵也是对人体有益的食材，三者搭配可谓是健康、营养兼备。

鹰嘴豆也可用纳豆代替，纳豆有促消化、降血压的作用。

咸香　40分钟　★★★

食材

山药1根,鹰嘴豆20克,秋葵3~5根,盐、黑胡椒碎、黑芝麻各适量。

搭配酱汁

芥末沙拉酱

1

将鹰嘴豆清洗干净，提前浸泡12小时后，煮熟备用。

2

清洗秋葵，去除蒂部。将秋葵放入锅中，焯熟后捞出过凉，沥干，切成段。

3

戴上橡胶手套，将山药去皮，洗净，切成小块。

4

山药放入锅中蒸熟，取出后放入碗中，碾成泥状。

5

将秋葵段、山药泥、熟鹰嘴豆装盘，撒入黑芝麻。

6

加入盐、黑胡椒碎，搅拌均匀，搭配芥末沙拉酱食用即可。

扫一扫看视频

藜麦水果沙拉

藜麦的营养丰富，适当吃一些，有助于补充蛋白质、钙、铁等营养物质。在藜麦中加些自己爱吃的水果，再拌上酸奶沙拉酱，酸酸甜甜的口感非常吸引人，还能给人体补充营养。

藜麦煮熟后有些类似坚果的香味，与水果搭配做沙拉非常美味。

香甜　 30 分钟　 ★★

食材
藜麦 20 克，火龙果 1/2 个，猕猴桃 1 个，橙子 1 个，蓝莓适量。

搭配酱汁
酸奶沙拉酱

1 藜麦提前浸泡 3 小时，洗净后放入锅中，加水煮 15 分钟，边加热边搅拌，煮至藜麦变透明，捞出，沥干水分。

2 蓝莓用盐水浸泡片刻，再用清水冲洗干净。

3 橙子去皮，取果肉，切成小块。

4 火龙果去皮，取果肉，切成小块。

5 猕猴桃去皮，取果肉，切成小块。

6 将以上食材装入盘中，搭配酸奶沙拉酱食用即可。

清甜 | 20分钟 | ★

食材

· 熟玉米粒 100 克
· 青椒 1/4 个
· 红椒 1/4 个
· 洋葱 1/6 个
· 白醋适量
· 白糖适量
· 盐适量

搭配酱汁

· 低热量蛋黄酱

玉米沙拉

玉米沙拉以清甜、鲜嫩的玉米粒为主料，加入青椒、红椒和洋葱，既能增添脆爽的口感，又能让营养更全面。而且，玉米中含有丰富的膳食纤维和镁，能够促进胃肠的蠕动，加速体内废物的排出，有利于减肥，因此很受欢迎。

扫一扫看视频

1 将洋葱去掉外皮，洗净，擦干表面水分，切成丁，放入碗中备用。

2 红椒洗净，擦干表面水分，切成玉米粒大小的丁，放入碗中备用。

熟玉米粒可用鲜玉米煮熟或者玉米粒罐头。

青椒洗净，擦干表面水分，切成玉米粒大小的丁，放入碗中备用。

将熟玉米粒放入盘中，再放入青椒丁、红椒丁、洋葱丁，加入盐、白糖、白醋调味，搅拌均匀，搭配低热量蛋黄酱食用即可。

脆爽　20分钟　★★

食材

· 荷兰豆 100 克
· 红椒 1/2 个

搭配酱汁

· 低热量油醋汁

荷兰豆沙拉

翠绿的荷兰豆搭配鲜艳的红椒片，颜色鲜艳夺目。新鲜的嫩荷兰豆有甜甜的口味，制作成沙拉风味绝佳。因此在制作酱汁时可以不放糖，品尝食材本身的味道。

扫一扫看视频

荷兰豆洗干净，用刀切成段，放入沸水中快速焯熟，捞出。

将荷兰豆过冷水，再捞出，沥干水分。

荷兰豆焯水至变色即可，切莫焯时间过久影响色泽和口感。

红椒洗干净，擦干表面水分，切成片，放入碗中备用。

将所有食材装盘，搭配低热量油醋汁食用即可。

滑嫩　15分钟　★★★

食材

· 嫩豆腐 1 块
· 芹菜 1 小把
· 香葱 1 小把
· 生抽 1 勺

搭配酱汁

· 日式低热量沙拉酱

豆腐沙拉

豆腐沙拉是中式沙拉，咸味更能搭配豆腐的爽滑口感，如果你不选择日式低热量沙拉酱，也可以自己调和一小碗花生酱或芝麻酱作酱汁。配豆腐的蔬菜可以任意搭配，喜欢爽脆的口感，可以将配菜换成黄瓜、洋葱或脆笋。

扫一扫看视频

嫩豆腐冲净，沥干水分，切长条，装入盘中备用。

香葱洗净，沥干水分，切成小段，放入碗中备用。

搭配豆腐的蔬菜可以任意选择，换成黄瓜、洋葱或脆笋也可以。

芹菜洗干净，沥干水分，切段，放入香葱碗中备用。

将芹菜段、香葱段放在豆腐条上，加入适量生抽，搭配日式低热量沙拉酱食用即可。

清咸　20 分钟　★★

食材

· 鹰嘴豆 30 克
· 胡萝卜 1/2 根
· 芝麻菜 1 把
· 白芝麻适量

搭配酱汁

· 低热量油醋汁

鹰嘴豆沙拉

芝麻菜是制作沙拉的常用蔬菜，略带苦味，有种独特的芳香，也可以根据个人喜好，将芝麻菜换成菠菜、苦菊、豆苗等蔬菜。

扫一扫看视频

鹰嘴豆洗净，提前用清水浸泡 12 个小时，再次清洗后放入锅中，煮熟，捞出沥干。

胡萝卜、芝麻菜分别洗净、沥干；胡萝卜切丝，芝麻菜撕成小段。

选择叶翠绿、无斑点的芝麻菜。

将胡萝卜丝、芝麻菜段、鹰嘴豆一起放入盘中备用。

撒上白芝麻，搅拌均匀，搭配低热量油醋汁食用即可。

脆爽　20 分钟　★★

食材

· 杏鲍菇 1~3 个
· 生菜 6~7 片
· 圣女果 5~7 个
· 白醋适量
· 白芝麻适量
· 黑胡椒碎适量
· 橄榄油适量
· 盐适量

搭配酱汁

· 日式低热量沙拉酱

杏鲍菇沙拉

杏鲍菇能软化和保护血管，有降低人体血脂的作用，平时可适量食用一些。杏鲍菇可以炒食，也可以煎后做成沙拉，都是很美味的。搭配杏鲍菇的配菜可以任意更换，如黄瓜、樱桃萝卜、彩椒或者各种坚果。

扫一扫看视频

1

杏鲍菇洗净，切片，加黑胡椒碎、盐腌制 10 分钟，加橄榄油拌匀。烤箱 180℃预热，放入杏鲍菇烤熟。

2

圣女果洗净，擦干表面水分，对半切开，放入碗中备用。

3

生菜洗净，沥干水分，用手撕成片，装入碗中备用。

加些黑胡椒碎能够更入味，也可以加一些蒜末。

将之前准备好的圣女果、生菜片一起放入盘中。

加入烤好的杏鲍菇片，淋上白醋，撒上白芝麻、黑胡椒碎和盐，搅拌均匀，搭配日式低热量沙拉酱食用即可。

咸香　20分钟　★★

食材

· 口蘑 3~5 个
· 圣女果 7~10 个
· 香芹 2 根
· 香菜适量
· 蒜适量
· 黑胡椒碎适量
· 盐适量

搭配酱汁

· 芥末沙拉酱

口蘑圣女果沙拉

口蘑和圣女果搭配，是一次完美结合。将口蘑煎熟，可以散发出食材本身的香味，再搭配香芹，味道更独特。香芹生吃就可以，如果不喜欢生吃，可以在沸水中焯熟后再吃。

扫一扫看视频

1

口蘑洗净，切片，加盐、黑胡椒碎腌制 10 分钟，放入油锅中煎到表面呈金黄色。

2

圣女果洗净，擦干表面水分，对半切开，放入碗中备用。

3

香芹、香菜洗干净，沥干水分，切段，一起放入碗中备用。

此道沙拉味道鲜美，口感爽脆，很适合减肥的人食用。

将蒜洗净，切成碎末，放入碗中备用。

将煎好的口蘑片和切好的圣女果一起放入盘中。

撒上香芹段、香菜段、蒜末，搭配芥末沙拉酱食用即可。

清甜　30分钟　★★

食材

· 鹌鹑蛋 5~7 个
· 圣女果 5~7 个
· 苦菊 1 把

搭配酱汁

· 低热量蛋黄酱

小蘑菇沙拉

可爱的蘑菇造型，给这道沙拉增添了童话色彩，在好看有趣的同时，还兼顾了营养、美味，尤其适合孩子食用。如果平时没有食欲，不爱吃菜，不如就试试这道小蘑菇沙拉。若不喜欢苦菊的味道，可以换成生菜。

扫一扫看视频

1

圣女果洗净、去蒂，沥干水分，切掉尾部 1/3，留下 2/3 的部分。

2

鹌鹑蛋加水煮熟，凉水冲凉，去壳。切掉稍小头一端的 1/4，留下 3/4 的部分。

鹌鹑蛋和圣女果被切掉的部分不要浪费,可以直接吃掉哦。

苦菊洗净,撕小段,沥干水分后铺在盘子里,尽量铺得厚一些。

将3/4部分的鹌鹑蛋放在盘子上,将2/3部分的圣女果盖在鹌鹑蛋上,在圣女果表面点缀低热量蛋黄酱,作为小蘑菇的"斑点"即可。

咸脆　15分钟　★

食材

· 圣女果 8~10 个
· 黑橄榄 10 个
· 胡萝卜 1/2 根
· 罗勒叶适量

搭配酱汁

· 低热量油醋汁

圣女果橄榄沙拉

圣女果与黑橄榄搭配，让沙拉变得
酸爽开胃又香气迷人。选择黑橄榄
可以为沙拉提味，不用加盐也可以。
罗勒叶可以选用新鲜叶片或干叶碎，
如果没有罗勒叶，可以选择薄荷叶
或者小香葱。

扫一扫看视频

圣女果、黑橄榄分别洗净，擦干表面水分，
对半切开，分别装入碗中备用。

胡萝卜、罗勒叶分别洗净。胡萝卜切丝后
剁成碎末，罗勒叶切成碎末。

黑橄榄可以为沙拉提味。

将之前切好的圣女果和黑橄榄一起放入碗中。

撒上胡萝卜碎和罗勒叶碎，搅拌均匀，搭配低热量油醋汁食用即可。

樱桃萝卜牛油果沙拉

牛油果口感绵密细致，有淡淡的香味，富含不饱和脂肪酸为主的油脂，是营养丰富的水果，有"一个牛油果相当于三个鸡蛋""森林黄油"的美誉。

扫一扫看视频

玉米粒作为配菜，可以用其他蔬果、肉类代替。

清甜　25分钟　★★

食材

樱桃萝卜5个，玉米粒10克，牛油果1/2个，柠檬汁、盐、黑胡椒碎各适量。

搭配酱汁

酸奶沙拉酱

牛油果洗净，去皮去核，切成小块，放入碗中，用擀面杖捣成泥。

在牛油果泥中加入柠檬汁、盐、黑胡椒碎，搅拌均匀。

樱桃萝卜洗净，擦干表面水分，切成片，装入碗中备用。

将樱桃萝卜、玉米粒一起装盘。

倒入牛油果泥，搭配酸奶沙拉酱食用即可。

草莓芦笋沙拉

酸酸甜甜的草莓搭配鲜嫩的芦笋和芝麻菜，再配专属的酱汁，使这道沙拉有了独特的味道，在吃水果的同时也能吃很多蔬菜，可谓是一举多得。芦笋尽量选择嫩一些的，这样与草莓搭配着吃才能保证口感。如果换成酸奶沙拉酱，又是不一样的味蕾享受。

扫一扫看视频

可以任选蔬菜来搭配草莓和芦笋，生菜或彩椒都是不错的选择。

酸甜　30 分钟　★★

食材
草莓 8 个，芦笋 4 根，芝麻菜 1 小把。

搭配酱汁
低热量油醋汁

芦笋去掉底部老皮，洗净，切段，放入沸水中焯熟，沥干水分，放入盘中备用。

芝麻菜洗净，用手撕成小段，放入盘中备用。

草莓放在清水中，加盐浸泡 10 分钟，冲洗干净后去蒂、对半切开。

将焯熟的芦笋放在芝麻菜段上。

放入草莓，搭配低热量油醋汁食用即可。

清香　20分钟　★★

食材

· 红心柚 1/4 个
· 洋葱 1/2 个
· 芹菜 2 根
· 红椒 1/2 根

搭配酱汁

· 低热量油醋汁

蜜柚洋葱沙拉

红心柚和洋葱看起来像是不相干的两样蔬果，但是把它们相结合，却能带给你不一样的味蕾享受。芹菜最好选择细嫩一些的香芹，味道和口感都相对好些。如果不喜欢洋葱的味道，可以将洋葱在沸水中焯一下再食用，也可以将洋葱和芹菜换成芒果和生菜。

扫一扫看视频

芹菜洗净，切成小段，将芹菜段放入锅中，加水焯熟，捞出，沥干水分。

红椒、洋葱分别洗净，切丝。切洋葱时在案板上放一碗清水，以吸收洋葱的辛辣气味。

味道特别，清香味浓郁，富含维生素 C，是一道健康又美味的佳肴。

红心柚对半切开，取出果肉，掰成小块，撒上洋葱丝、焯熟的芹菜段。

放入红椒丝，搭配低热量油醋汁食用即可。

酸甜　20分钟　★

食材

- 苹果1个
- 猕猴桃2个
- 洋葱适量
- 蜂蜜适量
- 白糖适量
- 柠檬汁适量

搭配酱汁

- 低热量油醋汁

苹果猕猴桃沙拉

用爽脆的苹果搭配猕猴桃做成沙拉，酸酸甜甜的味道很适合做开胃沙拉。用猕猴桃制成沙拉酱汁，可增加这道水果沙拉的口感。加入洋葱是为了增加脆爽的口感，如果不喜欢洋葱味，可以换成黄瓜。

扫一扫看视频

1

苹果洗净，切小块；猕猴桃切开，用勺挖出果肉，切成块；洋葱洗净，切成碎末。

2

将部分猕猴桃与洋葱丁一起放入搅拌机中，挤入柠檬汁，搅打成汁。

3

将猕猴桃洋葱汁倒入小碗中，加白糖、蜂蜜，搅匀，制成沙拉酱。

也可以加入其他水果如草莓、哈密瓜等。

将猕猴桃块和苹果块放在盘中。

将猕猴桃沙拉酱倒入水果中，再搭配低热量油醋汁食用即可。

清甜　25分钟　★

食材

· 火龙果 1/2 个
· 木瓜 1 大块
· 草莓 5 个
· 蓝莓 120 克
· 薄荷叶适量
· 白糖适量
· 柠檬汁适量

搭配酱汁

· 酸奶沙拉酱

蓝莓果酱沙拉

将蓝莓做成果酱，再搭配火龙果、草莓、木瓜做成沙拉，别有一番风味。制作蓝莓果酱时，将蓝莓压成果泥加入白糖后可以静置两三个小时，让白糖和蓝莓的味道充分融合，增加沙拉的口感。蓝莓本身就有酸味，如果不喜欢吃酸可以不放柠檬汁。

扫一扫看视频

火龙果、木瓜分别去皮，取果肉切成小块，装入盘中备用。

蓝莓洗净，放入白糖，混合均匀后，用勺压碎成果泥；将蓝莓果泥放入小锅中，挤入柠檬汁，小火煮至黏稠状，盛出晾凉；草莓洗净、去蒂，对半切开；薄荷叶洗净。

不喜欢吃太甜的，可以酌情减少蓝莓果酱中白糖的用量。

将所有水果一起装入盘中，摆上薄荷叶。

倒入蓝莓果酱，搅拌均匀，也可以加入酸奶沙拉酱，换一种口味。

沁甜　25分钟　★

食材

- 西瓜 1/4 个
- 菠萝 1/2 个
- 薄荷叶适量
- 盐适量

搭配酱汁

- 酸奶沙拉酱

西瓜菠萝酸奶沙拉

西瓜含有多种维生素、蛋白质、矿物质，含水量高，有"夏季瓜果之王"的美誉。菠萝里面含许多的维生素和一些微量元素。两种水果搭配在一起，再浇上一勺酸奶沙拉酱，在炎炎夏日能为你带来一丝清凉。

扫一扫看视频

西瓜、菠萝分别去皮，取果肉，切成大小一致的小块，装入碗中。薄荷叶洗净，酸奶沙拉酱准备好。

菠萝块放入凉开水中，加少许盐，浸泡10分钟左右，捞出。

将切好的西瓜块和菠萝块一起装盘备用。

将菠萝放在盐水里浸泡，会使菠萝的味道变得更甜。

在装有西瓜块和菠萝块的盘子里倒入酸奶沙拉酱，搅拌均匀。

最后放上装饰的薄荷叶即可。

清甜　　20分钟　　★

食材

- 草莓 5 个
- 芒果 3 个
- 木瓜 1 大块
- 香蕉 1 根
- 猕猴桃 1 个
- 葡萄 10 颗
- 蓝莓 10 个

搭配酱汁

- 酸奶沙拉酱

什锦水果沙拉

水果中富含多种维生素，能为机体提供必要营养素，每天适度吃些水果可以增强体质。水果沙拉的色彩丰富，能够提高人们的食欲，尤其是炎炎夏日，水果种类多样，很适合做水果沙拉，不想吃饭的时候，来一盘水果沙拉既能开胃，又能饱腹。

扫一扫看视频

将木瓜、芒果、猕猴桃分别去皮，取果肉，切成小块。

将草莓、蓝莓、葡萄分别洗净，草莓去蒂、切成块，葡萄对半切开、去子；将香蕉剥好，切成片；将蓝莓、葡萄、草莓、香蕉分别装碗备用。

炎炎夏日，将酸奶沙拉酱冰镇后浇在水果上食用，味道更佳。

将之前洗好、切好的水果全部装到盘子里。

在放好水果的盘子里倒入酸奶沙拉酱，搅拌均匀即可。

第三章
元气果汁，
活力满满一整天

想喝果汁，不再担心糖分多、热量高，在家就可以制作出多种多样的健康低热量饮品，如柳橙番茄汁、黄瓜雪梨汁、火龙果香蕉奶昔……想健康减脂，从喝健康果蔬汁开始吧！

自己制作美味果蔬汁的诀窍

在家里做的果蔬汁没有在饮料店里买的好喝？不知道如何搭配果蔬？现在我们就来解决这些困惑！

挑选新鲜食材

蔬菜、水果如果放置太久，其营养价值将大大降低，因此尽量挑选新鲜的食材。如果食材放置时间过长以致腐烂，就不宜再食用。

清洗要干净

果蔬果肉含有丰富的维生素和矿物质，但果蔬表皮上常涂有蜡或附着防腐剂、残余农药等，为了食用安全，一定要将果蔬清洗干净，或直接去除外皮也可以。

制作要快

为减少维生素的损失及走味，制作时动作要快，尽可能在最短时间制作完成。

柠檬帮大忙

一般果蔬均可自由搭配，但有些果蔬中含有一种会破坏维生素C的酶，如胡萝卜、南瓜、小黄瓜等，与其他果蔬搭配，会破坏其他果蔬的维生素C。但此种酶易受热、酸的破坏，所以在自制果蔬汁时，加入像柠檬这类较酸的水果，可有效保护维生素C免遭破坏。

柠檬尽量最后放

柠檬酸味强，容易破坏其他材料的味道，因此在果汁制成后再将柠檬汁加入果汁里，这样便不会破坏原来果汁的风味，还可以品尝到柠檬的香味。

用自然的甜味剂

有些人喜欢加糖来增加果蔬汁的味道，但糖分解时会增加B族维生素的损失及钙、镁的流失，降低营养成分。如果榨出来的果蔬汁口味不佳，可以多利用香甜味较重的水果，如香瓜、菠萝等作为搭配，或是酌量加蜂蜜。

现榨现喝

水果和蔬菜中的维生素C极易被空气破坏，因此果蔬汁榨好后应立即饮用。但要注意，不是一口气灌下去，而是要一口一口地细品慢酌，享用美味的同时，更易让营养被吸收。

加热有方法

果蔬汁若是冬天饮用的话，可以加热。加热有两种方法，一是榨汁时往榨汁机中加温水，榨出来的就是温热的果汁；二是将装果蔬汁的玻璃杯放在温水中加热到37℃左右，这样既可以保证营养不流失，还能被身体愉快地接受。千万不要用微波炉加热，那样会严重破坏果蔬汁的营养成分。

巧妙使用冰

夏季天气炎热，加上冰会比较凉爽好喝，使用榨汁机或搅拌机时，预先在容器内放些冰，不但可以减少泡沫，还可以防止一些营养成分被氧化。

有清热生津的作用。

荸荠雪梨汁

材料：
雪梨 1 个
荸荠 2 个
柠檬 1/2 个

3 将所有材料一起放入榨汁机中，加适量凉白开榨汁即可。

做法：
1 梨、荸荠、柠檬分别洗净。
2 梨去皮，切成小块；柠檬切碎。荸荠去皮，放盐水中煮5分钟，切小块。

小贴士

此款果汁偏寒凉，脾胃虚寒或消化不好的人不宜多饮。

猕猴桃橘子汁

材料：
猕猴桃 1 个
橘子 1 个

3 将猕猴桃、橘子一起放入榨汁机中，加适量凉白开榨汁即可。

做法：
1 猕猴桃洗净，去皮。
2 橘子洗净，去皮、去子。

小贴士

此饮酸甜可口、清爽开胃，适合夏日饮用，但是胃酸过多的人一次不宜饮用太多。

可加入适量蜂蜜调味。

既能开胃，又能美容瘦身。

苹果西瓜汁

材料：
苹果 1 个
西瓜 1/6 个

2 所有材料一起放入榨汁机，加适量凉白开榨汁即可。

做法：
1 苹果洗净，去皮，切成小块；西瓜洗净，挖出瓜瓤，剔除西瓜子；瓜皮削去绿衣，切小块。

小贴士

此饮是盛夏的佳饮，既能祛暑热烦渴，又有很好的利尿作用。

猕猴桃菠萝苹果汁

材料：
猕猴桃 1 个
菠萝 1/4 个
苹果 1 个

2 菠萝去皮，切块，用盐水浸泡10分钟，再用凉开水冲洗。
3 所有材料放入榨汁机中，加适量凉白开榨汁即可。

小贴士

这三种水果都富含维生素和纤维素，可以帮助人体排便。

做法：
1 猕猴桃去皮，切小块；苹果洗净，去皮、去核，切小块。

做好后及时饮用，防止氧化。

饭后饮用可帮助消化吸收。

苹果香蕉汁

材料:

苹果1/2个

香蕉1根

柠檬汁适量

做法:

2 将所有材料一起放入榨汁机中,加适量凉白开榨汁,滴入柠檬汁即可。

1 苹果洗净,去皮、去子;香蕉去皮;切成小块或段。

小贴士

本品是一种低脂健康饮品,能在吸收营养成分的同时减少人体脂肪的堆积。

胡萝卜雪梨汁

材料:

胡萝卜 1/2 根

雪梨 1 个

3 所有材料一起放入榨汁机中,加适量凉白开榨汁即可。

做法:

1 胡萝卜、雪梨分别洗净,去皮。

2 将洗净后的胡萝卜、雪梨分别切成小块。

小贴士

这款果汁可以补充人体所必需的维生素A,对眼睛特别好。

冷藏后饮用口感更佳。

可加入适量蜂蜜调味。

西柚石榴汁

材料：

西柚2瓣

石榴1个

3将所有材料一起放入榨汁机中，加适量凉白开榨汁即可。

小贴士

中秋前后石榴成熟，正是吃石榴的季节，宜在此时榨汁。

做法：

1将西柚去皮、去子。

2将石榴去皮，取出石榴子。

柳橙番茄汁

材料：

柳橙1个

番茄1个

2将所有材料一起放入榨汁机中，加适量凉白开榨汁即可。

小贴士

此饮品具有健脾和胃、美白抗氧化的作用。

做法：

1柳橙去皮、去子；番茄洗净；分别切成小块。

是适合爱美女性的美容果汁。

能促进食欲，达到健脾养胃的作用。

双桃美味汁

材料：

樱桃 5 颗

桃子 1 个

柠檬汁适量

做法：

1 将樱桃、桃子分别洗净。樱桃去柄、去核；桃子去皮、去核，切小块。

2 将二者放入榨汁机中，加入适量凉白开榨汁，再加柠檬汁即可。

小贴士

此款果汁含铁量高，适量饮用有利于缺铁性贫血的改善，还能使肌肤红润、亮泽。

西瓜蜜桃汁

材料：

西瓜 1/6 个

桃子 1 个

3 将以上食材切小块，一起放入榨汁机中，加适量凉白开榨汁即可。

做法：

1 西瓜洗净，去皮、去子。

2 桃子洗净，去皮、去核。

小贴士

此饮可以起到很好的清热消暑的作用，在炎热的夏季来上一杯，再惬意不过。

夏季樱桃、桃子成熟，此时榨汁味道更好。

饭后饮用可帮助消化吸收。

柿子番茄汁

3 将二者放入榨汁机中，加适量凉白开榨汁即可。

材料：

柿子1个

番茄1个

做法：

1 柿子洗净，去皮；番茄洗净。

2 将柿子和番茄均切成小块。

小贴士

秋天柿子成熟，最好在此时榨汁。

芒果香蕉椰子汁

2 所有材料一起放入榨汁机，可依个人喜好，加入适量牛奶一起搅拌。

材料：

芒果1个

香蕉1根

椰子1个

牛奶适量

做法：

1 椰子切开，取椰汁。芒果去皮、去核，香蕉去皮，分别切成小块。

小贴士

此饮清凉爽口、防暑除烦，对夏日不思饮食、心烦难眠者尤为适宜。

榨汁用的柿子宜选择甜脆柿。

不喜太甜者也可不加蜂蜜。

雪梨西瓜香瓜汁

材料：

雪梨 1/4 个

西瓜 1/6 个

香瓜 1/6 个

柠檬 1/4 个

掏出瓜瓤，剔除子；柠檬切碎。

2 所有材料一起放入榨汁机中，加适量凉白开榨汁即可。

做法：

1 雪梨、香瓜分别洗净，雪梨去核，香瓜去子，均切成小块；西瓜用勺子

小贴士

此果汁有助消化、防便秘的作用。

芒果猕猴桃汁

材料：

芒果 1 个

猕猴桃 1 个

柠檬汁适量

蜂蜜适量

3 将上述材料放入榨汁机中，加适量凉白开榨汁，再加入柠檬汁和蜂蜜调味即可。

做法：

1 芒果去皮、去核，切成小块。

2 猕猴桃去皮，切成小块。

小贴士

此饮清香鲜美，甜酸宜人，还有清凉解渴的作用。

此饮性凉，不宜空腹饮用。

清洗草莓宜用淘米水或淡盐水。

芦荟甜瓜橘子汁

材料：

芦荟 30 克

甜瓜 1/3 个

橘子 2 个

蜂蜜适量

做法：

1 芦荟洗净，去刺；甜瓜洗净，去皮、去子；橘子去皮、去子；分别切成小块。

2 所有材料一同放入榨汁机，加适量凉白开，榨好汁后加入蜂蜜调味即可。

> **小贴士**
>
> 此道蔬果汁有美容护肤的作用。

草莓梨子柠檬汁

材料：

草莓 4 个

鸭梨 1 个

柠檬汁适量

做法：

1 草莓洗净、去蒂，切成小块。鸭梨洗净，去皮、去核，切成小块。

2 先在榨汁机中放入适量凉白开，再将草莓和鸭梨块放入，榨汁后加柠檬汁调味。

> **小贴士**
>
> 此饮具有增进食欲、助消化的作用。

夏季饮用还有清热的作用。

也可加入鲜百合一起榨汁。

红豆乌梅核桃汁

  　中，加适量凉白开
搅打成汁即可。

材料：

红豆沙 30 克
乌梅 2 颗
核桃仁 20 克

做法：

1 乌梅洗净，去核。
2 与红豆沙、核桃
仁一起放入榨汁机

小贴士

此果汁富含膳食纤
维，可以有效地促
进肠道蠕动。

木瓜玉米奶

材料：

木瓜 1/4 个
熟玉米 1 根
牛奶 250 毫升
蜂蜜适量

2 以上食材一同放
入榨汁机中，冲入
热牛奶搅拌 30 秒，
加入蜂蜜调味即可。

做法：

1 木瓜洗净，去皮、
去子，切成小块；
搓下煮熟的玉米粒。

小贴士

尽量不要食用冰镇
木瓜或者冰的木瓜
牛奶，否则易造成
胃部不适。

核桃仁也可换成其他坚果。

尤其适宜便秘人群饮用。

苹果桂圆莲子汁

材料：

莲子 5 颗

桂圆 3 颗

苹果 1 个

巧克力 10 克

2 三种食材放入榨汁机中加适量凉白开榨汁，最后加入巧克力搅拌均匀即可饮用。

做法：

1 莲子洗净；桂圆去皮、去核；苹果洗净，去核，切成小块。

小贴士

此饮具有补心脾、益气血、健脾胃的作用。

加入巧克力的果汁别具风味。

西柚杨梅汁

材料：

杨梅 8~10 颗

西柚 2 瓣

2 杨梅在盐水中浸泡半小时，洗净，去核，取肉，与西柚果肉一起放入榨汁机中，加适量凉白开榨汁即可。

做法：

1 西柚去皮、去子，取果肉撕碎。

小贴士

此饮具有增进食欲、生津止渴的作用。

青葡萄也可用紫葡萄代替。

草莓猕猴桃奶昔

材料：
草莓 10 个
猕猴桃 1 个
无糖酸奶 200 毫升
柠檬汁适量

2 将草莓、猕猴桃放入榨汁机，加入无糖酸奶榨汁，再加入柠檬汁拌匀即可。

做法：

1 将草莓洗干净，去蒂；猕猴桃去皮，切块。

小贴士

此饮有助于清除人体内有害的自由基，帮助身体排出毒素，一身轻松。

青葡萄菠萝汁

材料：
苹果 1 个
青葡萄 5 颗
菠萝 1/6 个

2 菠萝去皮，切块，用盐水浸泡10分钟，再用凉开水冲洗。
3 先将所有材料放入榨汁机中，加适量凉白开，榨汁即可。

小贴士

葡萄中的多种果酸有助于消化，适当吃些葡萄，能健脾和胃。

做法：

1 青葡萄洗净；苹果洗净，去皮，切成小块。

草莓用淘米水清洗更干净。

润肠通便效果好。

火龙果香蕉奶昔

材料：
香蕉 1 根
火龙果 1/2 个
无糖酸奶 200 毫升
柠檬汁适量

做法：

1 将火龙果、香蕉去皮，切块。

2 将火龙果、香蕉放入榨汁机，加入无糖酸奶榨汁，再加入柠檬汁拌匀即可。

小贴士

常饮此款果汁，有润肠通便的作用，能有效改善便秘。

狝猴桃小米豆浆

材料：
黄豆 60 克
狝猴桃 1 个
绿豆 20 克
小米 10 克

做法：

1 将黄豆用清水浸泡 10~12 小时，捞出洗净；绿豆洗净，用清水浸泡 4~6 小时，捞出洗净；小米淘洗干净，用清水浸泡 2 小时，捞出洗净；狝猴桃去皮，切碎。

2 将上述食材一同放入豆浆机中，加纯净水至上下水位线之间，启动豆浆机，待豆浆制作完成后过滤即可。

用熟软的狝猴桃口感更好。

口感甜糯，还能补气养胃。

百合木瓜糯米汁

材料：
糯米 50 克
木瓜 1/4 个
干百合 20 克
蜂蜜适量

做法：

1 糯米提前 4 小时用清水浸泡；木瓜去皮、去子，切块；干百合用温水浸泡至发软，洗净。

2 将所有材料一起放入豆浆机中，加纯净水至上下水位线之间，按"五谷"键榨汁，榨好后倒出，加入蜂蜜调味即可。

小贴士

此果汁富含多种维生素，并且含有谷物，可早餐时饮用。

木瓜银耳百合豆浆

材料：
木瓜 1/4 个
黄豆 50 克
干百合 10 克
银耳 10 克
冰糖适量

做法：

1 将黄豆淘洗干净，用清水浸泡 10~12 小时，捞出洗净；干百合用温水浸泡至发软，洗净；银耳用温水泡发，洗净择成小朵；木瓜去皮、去子，切块。

2 将准备好的黄豆、百合、木瓜、银耳一同放入豆浆机中，加纯净水至上下水位线之间，启动豆浆机。待豆浆制作完成过滤后，加入冰糖调味即可。

有止咳润肺的作用。

狝猴桃荸荠葡萄汁

材料：

荸荠 3 个

葡萄 5 颗

狝猴桃 1 个

洗净，去皮、去子；狝猴桃去皮，切块。

2 所有材料放入榨汁机中，加适量凉白开榨汁即可。

做法：

1 荸荠洗净，去皮，在盐水中煮 5 分钟，切小块；葡萄

有润泽肌肤的作用。

牛奶番茄汁

材料：

番茄 1 个

牛奶 200 毫升

柠檬汁适量

蜂蜜适量

2 将番茄丁和牛奶用榨汁机榨汁，倒入杯中，加入适量蜂蜜、柠檬汁即成。

做法：

1 将番茄入沸水中烫一烫，轻松剥去外皮，切丁备用。

此果汁还有清热润肺的作用。

口感清爽，可通便，抗氧化。

核桃花生豆浆

材料：

黄豆 50 克
粳米 20 克
花生仁 20 克
核桃仁 15 克

2 将以上食材放入豆浆机中，加纯净水至上下水位线之间，启动豆浆机，待豆浆制作完成，过滤即可。

做法：

1 将黄豆用水浸泡 10~12 小时，捞出洗净；粳米淘洗干净；核桃仁、花生仁均洗净。

> **小贴士**
>
> 此豆浆有健脑益智、养胃健脾、滋养五脏等作用。

香蕉苹果葡萄汁

材料：

香蕉 1 根
苹果 1/2 个
葡萄 5 颗
柠檬汁适量

2 将香蕉、苹果、葡萄放入榨汁机中，加适量凉白开榨汁，倒出后，加入柠檬汁搅拌均匀即可。

做法：

1 葡萄、苹果分别洗净，去皮、去子或核；香蕉去皮。将香蕉、苹果切成小块。

> **小贴士**
>
> 此饮不仅能促进消化，还有提神醒脑、消除疲劳的作用。

富含卵磷脂和维生素。

芦荟苹果汁

材料：
苹果1个
芦荟30克

2 将苹果、芦荟放入榨汁机中，加适量凉白开榨汁即可。

做法：

1 将苹果洗净，去皮，去核，切成小块备用；芦荟洗净，去刺，切成小丁待用。

燕麦食后易有饱腹感。

香蕉燕麦汁

材料：
香蕉1根
燕麦片40克

2 将燕麦片、香蕉放入豆浆机中，加纯净水至上下水位线之间，启动豆浆机，制作完成后倒入杯中即可。

做法：

1 燕麦片用清水冲洗后，热水泡软；香蕉去皮，切块。

也可加入苦瓜一起榨汁。

宜选择甜度大的柑橘。

香蕉红茶

材料：
香蕉 1/2 根
红茶 10 克

2 将香蕉和红茶水放入榨汁机榨汁，制作好后倒出即可。

做法：

1 红茶用开水冲泡，滤去茶叶取茶水；香蕉去皮，切成大小合适的块状。

小贴士

日常饮用有助于缓解头昏眼花、眩晕耳鸣、面赤上火等不适。

柑橘果汁

材料：
柑橘 2 个

2 将切好的柑橘块放入榨汁机，加适量凉白开榨汁，制作好后倒入杯中即可。

做法：

1 柑橘带皮洗净后切成块。

小贴士

此果汁富含维生素C与柠檬酸，不但有美容的作用，还能帮助消除疲劳。

具有润肠通便、益气健胃等作用。

可在榨汁前将蓝莓榨好过滤，再与山药一同榨汁。

苹果酸奶

材料：
苹果 1/2 个
酸奶 200 毫升

2 将所有材料放入榨汁机，加适量凉白开榨汁，榨好后倒出即可。

做法：

1 苹果洗净，去皮、去核，切成小块。

小贴士

想要降低热量，可以选取无糖酸奶。

山药蓝莓汁

材料：
山药 1 小段
蓝莓 20 颗

3 将山药块和蓝莓放入榨汁机，加凉白开榨汁即可。

做法：

1 山药蒸 20 分钟至软烂，去皮，切块。
2 蓝莓从梗上摘下洗净。

小贴士

经常饮用此款果汁不仅对眼睛有好处，也能降低血脂。

酸奶宜选用无糖酸奶。

润肠通便效果佳。

无花果黑豆豆浆

材料：
无花果 4 个
黑豆 50 克
蜂蜜适量

2 将无花果、黑豆一同放入豆浆机中，加纯净水至上下水位线之间，启动豆浆机。待豆浆制作完成，过滤加入蜂蜜搅拌均匀即可。

做法：

1 将黑豆用水浸泡10~12 小时，捞出洗净；无花果洗净，切成月牙形。

木瓜红薯小米汁

材料：
木瓜 1/4 个
小米 40 克
红薯 30 克
蜂蜜适量

2 将全部食材放入豆浆机中，加纯净水至上下水位线之间，按"五谷"键，加工好后倒出，依个人口味调入蜂蜜即可。

做法：

1 小米淘洗干净后，浸泡 3 小时；木瓜去皮除子后切成小块；红薯洗净，去皮后，切小块。

小贴士

红薯富含膳食纤维，有饱腹感，此果汁可早餐时饮用。

富含植物蛋白。

常饮对眼睛有好处。

香蕉乳酸菌

材料：
香蕉 1/2 根
乳酸菌饮料 300 毫升

做法：
1 香蕉去皮，切块。
2 将香蕉和乳酸菌
饮料一起放入榨汁
机中，加适量凉白
开榨汁，制作好后
倒出即可。

小贴士

二者搭配榨汁，可
调节肠胃，维护肠
道健康。

蓝莓李子奶昔

材料：
蓝莓 10 颗
李子 2 个
酸奶 250 毫升

2 将蓝莓、李子和
酸奶一起放入榨汁
机中，加适量凉白
开榨汁即可。

做法：
1 将蓝莓洗净；李
子洗净，去核，切块。

小贴士

此饮中的花青素能够
增加皮肤弹性，减少
皱纹，淡化色斑。

宜在饭后饮用。

葡萄柚也可用红心柚子代替。

芦荟西瓜汁

材料：

芦荟 30 克

西瓜 1/6 个

2 将芦荟、西瓜放入榨汁机，加适量凉白开榨汁，榨好后倒出即可。

做法：

1 芦荟叶洗净，去刺，切段；西瓜洗净，用勺子挖成小块，去除西瓜子。

小贴士

女性生理期不宜食芦荟。

葡萄柚草莓橙子汁

材料：

葡萄柚 1 小块

草莓 3 个

橙子 1 个

2 将以上材料放入榨汁机，加适量凉白开榨汁，制作好后倒出即可。

做法：

1 葡萄柚去皮，切块；草莓洗净，去蒂；橙子去皮，切块。

小贴士

此饮可促进消化，帮助减肥，降脂，非常适合减肥人士、高胆固醇者饮用。

常饮对皮肤有好处。

也可加入柠檬皮屑。

枇杷橘皮汁

材料：
枇杷 3 个
新鲜橘皮 10 克
蜂蜜适量

做法：

1 将枇杷洗净，去皮，去核，切块；橘皮洗净，撕成小块。

2 将枇杷、橘皮放入榨汁机，加适量凉白开榨汁，榨好后倒入杯中，加入蜂蜜搅拌均匀即可。

小贴士

枇杷含有多种营养素，能够补充人体所需营养。

芦荟柠檬汁

材料：
芦荟 30 克
柠檬汁适量
蜂蜜适量

做法：

1 芦荟叶洗净，去刺，切段。

2 将芦荟放入榨汁机，加适量凉白开榨汁，制作好后倒出，加入柠檬汁和蜂蜜调味即可。

小贴士

此饮口感很好，甜甜酸酸，十分爽口，尤其适合需要美容减肥的女性。

有润肺止咳的作用。

香味浓郁、口感细腻。

腰果杏仁露

材料：
黄豆 50 克
腰果 20 克
杏仁 10 克
蜂蜜适量

做法：

1 将黄豆用清水浸泡 10~12 小时，捞出洗净；把腰果、杏仁用水泡软。

2 将黄豆、腰果和杏仁放入豆浆机中，加纯净水至上下水位线之间，启动豆浆机，待豆浆制作完成，过滤后加适量蜂蜜拌匀即可。

小贴士

有助于增强肠道蠕动，便秘期间可以适量饮用。

红枣枸杞牛奶

材料：
红枣 5 颗
枸杞子 6 克
牛奶 250 毫升

2 将红枣、枸杞子放入榨汁机中，加入牛奶榨汁，制作好后倒出即可。

做法：

1 红枣洗净，去核，切碎；枸杞子洗净，泡软。

小贴士

此饮易于消化吸收，还有补虚、美容的作用。

也可将腰果、杏仁换成其他坚果。

可助消化、防便秘。

番茄菠萝汁

材料：
番茄 1 个
菠萝 1/4 个
柠檬汁适量

做法：

1 将菠萝洗净，去皮，用盐水浸泡 10 分钟，再用凉开水冲洗；番茄洗净，去蒂；将番茄、菠萝均切成小块。

2 将以上材料放入榨汁机中，加适量凉白开榨汁，制作好后倒出，最后加入柠檬汁调味即可。

香蕉酸奶

材料：
香蕉 1 根
酸奶 200 毫升

2 将香蕉和酸奶放入榨汁机中，再加适量凉白开榨汁，制作好后倒出即可。

做法：

1 香蕉去皮，切小块。

小贴士

这款果汁对便秘很有疗效，也是排毒养颜佳品。

可加速身体新陈代谢。

第四章

七天轻食
健康餐计划

主食沙拉、蔬果沙拉随意搭配，7天配餐
不重样。养成并保持轻食的习惯，帮助
身体排出毒素，塑造完美身材，吃出由
内而外的健康美。

第一天：低热量饮食

如果你想要健康又不痛苦地减肥，现在就可以尝试 7 天定制的减肥餐。它会帮助你养成好的减肥习惯，从而健康减脂。

应该怎样开始今天的减脂餐

今天的饮食原则是遵循低热量饮食，让身体感受到一定的饥饿，但不会太难受。轻食不会像节食一样让你异常痛苦，每天的饮食内容都在变化。现在就让我们赶快开始吧！

早餐
山药蓝莓汁

用山药和蓝莓搭配榨出来的果蔬汁，富含维生素、膳食纤维，味道超级好，色泽也很吸引人，搭配全麦面包当作早餐食用，可以清肠通便，让身心都舒畅。

为什么这样搭配

今天的低热量饮食需要避免摄入大量的碳水化合物，但需要摄入较多的蛋白质，以防止肌肉流失。两餐之间若有饥饿感可以吃鸡蛋、绿叶蔬菜、无糖酸奶等作为加餐。

| 清肠通便 早餐 | **+** | 高蛋白 加餐 水煮蛋 | **+** | 补充能量 午餐 |

午^餐苦菊鸡肉沙拉

都说"午餐要吃饱"，苦菊鸡肉沙拉就很符合这一饮食原则，鸡胸肉去皮后热量更低，但是食后却有饱腹感，搭配富含膳食纤维的苦菊，更是符合轻食低脂饱腹的特点。

晚^餐清新绿色沙拉

晚餐要拒绝高热量的食物，清新绿色沙拉中的芦笋、猕猴桃、生菜、苹果、木耳等都是低热量食物，而且此道沙拉酸爽可口，还可以清肠通便，晚餐食用无负担。

低热量 配餐沙拉酱原料

沙拉酱应选择低热量的酱汁，低热量油醋汁、海鲜沙拉酱汁就是很好的选择，且制作简单，仅需将所需原料混合即可。

低热量油醋汁
- 橄榄油 2 勺
- 白醋 2 大勺
- 黑胡椒碎适量
- 盐适量
- 柠檬汁适量

海鲜沙拉酱汁
- 原味海鲜酱 2 勺
- 料酒 2 勺
- 生抽 1 勺
- 蒜末适量

+ 促进消化 加餐 无糖酸奶 **+** 润肠排毒 晚餐 **=** 纤体瘦身

低热量饮食的原理是造成热量缺口，但不可每日摄入的热量低于基础代谢。

第二天：热量不超标

今天是轻食饮食的第二天，本日饮食原则是热量不超标，依旧要戒糖，杜绝零食，杜绝精制碳水，保证营养全面。

应该怎样开始今天的减脂餐

今天的减脂餐在晚餐时间段依旧避免摄入主食，上午和下午各有一份加餐，同时早、午餐均有主食、肉类、蔬果，保证营养均衡。

早餐
什锦水果沙拉

早餐吃一道由草莓、芒果、木瓜、香蕉、猕猴桃、葡萄、蓝莓等做成的五彩缤纷的沙拉，不但可以清肠通便，补充能量，也能为你带来一整天的好心情。

为什么这样搭配

早餐的水果沙拉中已经有蔬果摄入，无糖酸奶也有大量的钙和有益菌，搭配意面沙拉和水煮蛋，能补充碳水化合物和蛋白质。

早餐 **+** 高蛋白 加餐 水煮蛋 **+** 低热 高蛋白 午餐

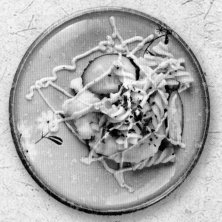

午餐
土豆泥意面沙拉

意面是减肥期间常备的主食之一，具有低热量、高蛋白的特点，搭配土豆做沙拉，可以为身体补充所需的碳水化合物、蛋白质，同时也不用担心热量超标。意面和土豆的量都可以根据自己的需求来调节。

晚餐
烤南瓜沙拉

南瓜富含膳食纤维，番茄富含维生素，两者搭配做晚餐，不但让人有饱腹感，还可以补充维生素，促进消化。南瓜烤熟后，味道香糯，非常诱人，搭配酸甜的圣女果，独特的口味，让人吃出满满幸福感。

低热量 配餐食材的选择

今天饮食所需碳水化合物、蛋白质均有摄取，因此在我们提供的食谱之外，也可以添加一些额外的食物，让营养元素的摄入更加丰富。

早餐配餐
- 全麦面包 2 片
- 水煮蛋 1 个

晚餐配餐
- 杂粮饭半碗

午餐配餐
- 水煮大虾 5 个

+ 促进消化 加餐 无糖酸奶 **+** 高膳食纤维 晚餐 **＝** 增肌减脂

今天饮食需要保证营养均衡。

第三天：杜绝油腻食物

今天是轻食减肥的第三天，依旧要保证营养均衡，不要吃油腻的食物，如果可以额外做些有氧运动，将会有更好的减脂效果。

应该怎样开始今天的减脂餐

今日不要吃油腻的食物，摄入优质碳水、优质蛋白质和高纤维的蔬果，能够更好地燃脂，帮助你达到更好的减脂效果。

早餐
香蕉燕麦汁

被便秘困扰的人群，早餐可以选择香蕉燕麦汁，口感甜美、润滑，一口喝下去，就像给肠子洗了个澡，不但能润肠通便，还能为身体补充维生素。

为什么这样搭配

早餐增加碳水化合物和蛋白质，午餐增加蛋白质，晚上吃烤秋刀鱼可以补充大量氨基酸，保证营养摄入。

补充能量 早餐 **+** **高蛋白** 加餐 水煮鹌鹑蛋 **+** **低热高蛋白** 午餐

午餐　考伯沙拉

考伯沙拉的主要食材是鸡胸肉、鸡蛋、圣女果、洋葱、生菜，具有高蛋白、高膳食纤维的特点，还有低脂饱腹的作用，非常适合午餐食用。可适当减少鸡胸肉、鸡蛋的量，增加蔬菜的量，以便减少热量。

晚餐　山药泥秋葵沙拉

这道沙拉是由秋葵、山药这几种健康食材组成的。秋葵可增强人体免疫力，山药可促进人体新陈代谢、减肥降脂。这道由养生食材组合在一起的沙拉，既有颜值又有营养价值。

低热量　配餐食材的选择

今日适当增加有氧运动，所以在不增加碳水化合物总量的前提下，可以适量增加优质蛋白的摄取，如鸡胸肉、鹌鹑蛋等。

早餐配餐
- 杂粮馒头
- 水煮鹌鹑蛋 5 个

晚餐配餐
- 烤秋刀鱼 1 条

午餐配餐
- 水煮鸡胸肉 50 克

+ 促进消化　加餐　无糖酸奶　**+** 低热饱腹　晚餐　**=** 促进代谢

秋刀鱼可以提供大量氨基酸。

第四天：让身体习惯轻食

今天需要严格控制热量和碳水化合物的摄入，不可吃高碳水食物，但需要吃足量的蛋白质和果蔬。

应该怎样开始今天的减脂餐

今日如果饥饿感比较强，可以吃水煮蛋白，或者感觉疲累可以不进行有氧运动。但切记今日依旧要戒糖、戒油炸食品、零食和饮料。

早餐
柳橙番茄汁

柳橙酸甜可口，还含有丰富的维生素 C，番茄维生素 C 含量也很丰富，早晨饮用一杯柳橙番茄汁，不但酸甜可口，还有清肠通便、促进代谢、美肤养颜的作用。

为什么这样搭配

今日晚餐不要摄入碳水化合物，也不食用黏腻厚实的沙拉酱，减少额外热量的摄入。海带富含膳食纤维，还可以降低体内胆固醇含量，和黄瓜搭配食用，口感更好。

 排毒清肠 早餐 **+** **补充能量** 加餐 炭烤腰果10粒 **+** **低脂饱腹** 午餐

午餐
秋葵鸡肉沙拉 --------------------

秋葵营养丰富，清爽滑嫩的口感也非常独特，搭配香嫩的鸡肉，清爽可口，简单却不失美味。再浇上 2 勺自制的沙拉酱，会让口感更特别，作为午餐食用，美味又有营养。

晚餐
海带黄瓜沙拉 --------------------

这是一道简单易做、清爽开胃、酸甜可口的沙拉，非常适合在晚餐食用。海带富含胶质和矿物质，可助排便、抗衰老，搭配黄瓜，热量低，有瘦身作用，多吃也不用担心发胖。

低热量 **配餐沙拉酱的选择**

轻食日沙拉酱的选择需要注意的是，不可食用厚重、油腻的沙拉酱，优选泰式沙拉酱、油醋汁、海鲜汁等酱汁，也可根据个人口味选择其他沙拉酱。

泰式酸辣酱
- 朝天椒 6 个
- 橄榄油 1 勺
- 鱼露 1 勺

- 白醋 2 大勺
- 蒜末 1 勺
- 姜末 1 勺
- 盐和柠檬汁各适量

+ 促进消化　加餐 脱脂牛奶　**+** 润肠通便　晚餐　**=** 增肌减脂

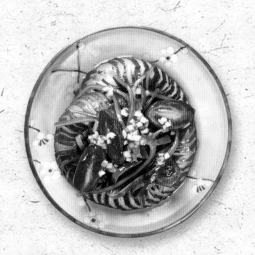

牛奶可以提供优质蛋白，还含有维生素、矿物质，减肥的人应选用脱脂牛奶。

第五天：给身体补充能量

今日应当适当补充一些碳水化合物，补充体力。同时在身体允许的情况下恢复有氧运动，保证一定的运动量。

应该怎样开始今天的减脂餐

今日的饮食原则是要保证三餐中碳水化合物的摄入。食用含有大量纤维的碳水化合物，如粗粮、全麦类食物，不仅可以帮助控制体重，还可以促进肠道蠕动，从而预防便秘。

早餐
西柚石榴汁 - - - - - - - - - - - - - - -

西柚和石榴的口感杂糅在一起，清清爽爽。喝下去，会让人胃肠蠕动加快，促进体内垃圾排出。而且，西柚和石榴对皮肤也有好处，所以这杯果汁瘦身、养颜又好喝，非常适合减肥期间饮用。

为什么这样搭配

今日晚餐主打高蛋白，鳕鱼含优质蛋白质、氨基酸，同时热量低，很适合减脂期间食用，用煎完鳕鱼的油煎茄子可以减少油脂的摄入。

| 清肠排毒 早餐 | **+** | 高蛋白 加餐 水煮蛋 | **+** | 低热饱腹 午餐 |

午餐
无花果核桃沙拉

无花果能健脾开胃，搭配黄瓜、生菜、核桃仁碎做沙拉，口感清甜爽脆，蔬菜、水果、坚果都有，营养全面丰富，而且热量比较低，适合减肥期间食用。

晚餐
茄子鳕鱼沙拉

茄子热量低，纤维素含量高，对减肥有一定的作用，且营养丰富，搭配鳕鱼食用，更是具有高蛋白、低脂肪、高膳食纤维的特点，非常适合瘦身期间食用。

低热量 配餐食材选择

为了预防和改善瘦身期间出现的便秘现象，今天的饮食中，可以适当增加膳食纤维的摄取。膳食纤维是粗纤维，自身不被肠道吸收，能够增加大便体积，从而利于排便。

早餐配餐
- 粗粮玉米饼 1 个

晚餐配餐
- 意面 50 克

午餐配餐
- 煎牛排 150 克

＋ 促进消化 加餐 无糖酸奶 **＋** 低脂高蛋白 晚餐 **＝** 减重轻身

烹调用油最好使用橄榄油，热量低也更健康。

第六天：调整身体状态

今天如果依旧有有氧运动的安排，需要多增加一份加餐，尽量以高蛋白质的食物为佳，不要吃油腻食物、零食、饮料，保证充足睡眠。

应该怎样开始今天的减脂餐

今日的饮食要求依然是营养全面，包含蔬菜、水果、肉类，补充维生素和蛋白质，两餐之间可以适当地吃一些坚果或者粗粮。

早餐
柚子菠萝奶昔 - - - - - - - - - - - - - -

柚子果肉清香，营养丰富，可以清肠健胃；菠萝能助消化，有效地分解脂肪，用柚子、菠萝搭配无糖酸奶做奶昔，不但非常好喝，而且有助于减肥瘦身，提高免疫力。

为什么这样搭配

牛肉有优质的脂肪、蛋白质，在减肥期间可以适量食用，以便增长肌肉。

| 补充
维生素 早餐 | + | 富含
氨基酸 加餐
核桃仁 | + | 低热
饱腹 午餐 |

午餐
圣女果橄榄沙拉

圣女果维生素含量高，热量又比较低，搭配口味浓郁的黑橄榄，有助于美容养颜、降脂减肥，适合在瘦身期间食用。

晚餐
红酒黑椒牛排沙拉

红酒配牛排，充满了浪漫气息，很适合烛光晚餐食用，而且牛排热量低、蛋白质含量高，适量的红酒能促进身体新陈代谢，减肥期间食用可减脂增肌。

低热量 配餐食材选择

减脂期间不可只吃燃脂的食物，应合理搭配，均衡膳食，所以在我们提供的食谱外，可以适当增加膳食纤维和优质蛋白的摄取，以供身体所需能量。

早餐配餐
- 全麦面包 2 片
- 水煮蛋 1 个

午餐配餐
- 杂粮饭 1 碗
- 煎鸡胸 100 克

晚餐配餐
- 什锦蔬菜 200 克

+ **高膳食纤维**　加餐 燕麦片 1 小碗　+ **低热高蛋白** 晚餐　= **纤体瘦身**

晚上若是饥饿可以喝一杯脱脂牛奶。

第七天：为下次轻食做准备

今天可以适当减少食量，让身体习惯低热量饮食。

应该怎样开始今天的减脂餐

减肥期间要严格控制油和糖的摄入量，所以果汁中建议都不加白砂糖，做沙拉时也要注意控制油的用量，同时也要积极运动起来。

早餐
青葡萄菠萝汁

新鲜榨的青葡萄菠萝汁，每天只要一小杯，就可以补充我们所需要的维生素，同时还能润肠排毒，帮助清除体内的废弃物质。

为什么这样搭配

藜麦有润肠通便的功效，鳕鱼中富含蛋白质、维生素、氨基酸，且热量都比较低，二者搭配，有助于减脂瘦身。草莓、芦笋富含膳食纤维和维生素C，可促进肠胃蠕动，促进人体消化吸收营养物质，排毒瘦身。

清肠排毒 早餐 **+** **富含高蛋白** 加餐 全麦饼干2块 **+** **减脂增肌** 午餐

午餐
鳕鱼藜麦杏仁沙拉 ┄┄┄┄┄┄┄┄┄┄┄

鳕鱼、藜麦、杏仁、圣女果包含了鱼肉类、谷物、坚果、蔬菜四种低热量食物，具有高蛋白、低脂肪的特点，富含维生素、氨基酸、膳食纤维等成分，营养全面，减肥期间食用可增强体质。

晚餐
草莓芦笋沙拉 ┄┄┄┄┄┄┄┄┄┄┄┄┄┄

这道沙拉富含膳食纤维和维生素C，食后可增加胃肠蠕动，促进新陈代谢，且红色草莓搭配绿色芦笋，赏心悦目，晚餐食用，再适合不过了。

低热量 | 配餐食材选择

减肥七分靠饮食，三分靠运动。在我们提供的食谱外，可以额外添加一些食物，原则上要选择富含蛋白质、健康脂肪和提供热量的碳水化合物，配餐总热量最好控制在200卡路里以内。

早餐配餐
• 黑米素馅包1个

午餐配餐
• 无糖酸奶1杯

+ 补充能量 加餐 一小把葡萄干 **+ 高膳食纤维** 晚餐 **= 排毒瘦身**

晚上若是饥饿可以吃一个水煮蛋。